J. H. WEINACHT

# Prinzipien zur Lösung mathematischer Probleme

Mit 45 Beispielen und 45 Abbildungen

1958

FRIEDR. VIEWEG & SOHN · BRAUNSCHWEIG

Alle Rechte vorbehalten von

Friedr. Vieweg & Sohn, Verlag, Braunschweig

ISBN 978-3-322-97964-3      ISBN 978-3-322-98545-3 (eBook)

DOI 10.1007/978-3-322-98545-3

# Vorwort

In diesem Buche sind Ergebnisse aus meiner langjährigen Tätigkeit als Lehrer für Mathematik niedergelegt. Es war mir stets ein besonderes Anliegen grundsätzlich im Unterricht alle Leitmotive und Fragestellungen zu entwickeln und klar herauszustellen, die zur Auffindung der Lösungen mathematischer Probleme führen. Daß eine solche Unterrichtsweise in hervorragendem Maße der Erziehung zu selbständigem, schöpferischem Denken förderlich ist, liegt auf der Hand. Der mathematische Unterricht erhebt sich dadurch über das rein Fachliche hinaus zu einer Schulung in der Methodik des Denkens.

Im Interesse der Lebendigkeit und konkreten Faßlichkeit der Darbietung des Stoffes werden jeweils zunächst Musterlösungen für eine Reihe von Beispielen vorangestellt, aus denen dann erst die oft nur recht allgemein formulierbaren Erkenntnisse in Gestalt von Lösungsprinzipien hergeleitet werden. Die Erläuterung derselben ist so von vornherein gegeben. Ein Anspruch auf Vollständigkeit der Prinzipien wird nicht erhoben. Die Beispiele sind dem Lehrstoff der höheren Schulen entnommen oder befassen sich mit Fragen, die sich dem Mathematiklehrer im Zusammenhang mit seinem Unterricht aufzudrängen pflegen. Ein breiter Raum ist der Geometrie zugedacht worden, weil gerade hier die Phantasie gezwungen ist, die mannigfaltigsten Wege zur Auffindung von Lösungen einzuschlagen.

Das Buch ist daher in erster Linie für Mathematiklehrer, für Studienreferendare, für Mathematiker in Seminarausbildung, für Mathematikstudierende der ersten Semester gedacht, denen es vielfältige Anregungen und Aufschlüsse für Unterricht und Studium geben möchte. Inhalt und Darlegungsart sind so gehalten, daß die Lektüre auch für begabte Schüler der oberen Klassen einer höheren Schule ein sicherer Gewinn ist; ebenso aber auch für jene philosophisch interessierten Nichtmathematiker, die sich ein sachlich richtiges Bild vom Wesen der Mathematik und der mathematischen Arbeitsweise erarbeiten wollen.

Möge das Buch dazu anregen, die dargelegten heuristischen Prinzipien noch zu ergänzen und zu vertiefen; ferner sie auch an anderen mathematischen Disziplinen zu studieren!

Neustadt/Weinstraße im November 1958.

**Josef Hermann Weinacht**

# Inhaltsverzeichnis

VII

VIII

# Einführung

Der Schüler steht einem mathematischen Problem meist unbeholfen gegenüber, auch dann noch, wenn er sich nach mehrjährigem Unterricht die
grundlegenden Kenntnisse sicher angeeignet hat. Er macht sich keine
Gedanken darüber, daß die Lösung jedes Problems durch eine bewußte
oder unbewußte Geistestätigkeit erarbeitet werden muß. Von diesem
geistigen Prozeß erfährt der Schüler meist wenig oder gar nichts. Im Unterricht pflegt lediglich der fertige Weg zum Ziel dargelegt zu werden. Die
Leitgedanken für das Vorgehen sind aber gerade das entscheidend Wichtige
und Wertvolle.

Es gibt gewisse allgemeine Methoden und Prinzipien, deren man sich
bedient, um zu dem erstrebten Ziel zu gelangen. Jeder Lösung einer Auf-
gabe müssen allgemeine grundsätzliche Überlegungen vorangehen, die die
Arbeitsrichtung festlegen, in der die Lösung gesucht wird. Der endgültige
Erfolg ist damit zwar keineswegs mit unbedingter Sicherheit in jedem
Einzelfall verbürgt. Denn die Art des Vorgehens und die einzusetzenden
Mittel haben sich naturgemäß in sachgerechter Weise den eigentümlichen
Schwierigkeiten des Problems anzupassen. Diese enthüllen sich meist aber
erst im Zuge der fortschreitenden geistigen Auseinandersetzung mit der
Aufgabe. Unter den dafür in Betracht kommenden Methoden ist erst die
richtige Auswahl zu treffen, die Reihenfolge ihres Ansatzes und die Art
ihrer Verwendung festzulegen. Wichtig sind auch die Kenntnisse, auf die
man zurückgreifen kann. Die darzulegenden allgemeinen Prinzipien eröffnen daher durchaus noch keinen Königsweg zur Lösung. Sie ermöglichen
keinesfalls die Zurückführung der letzteren auf spezialisierte Durchführungs-
bestimmungen rein formaler Art. Immerhin geben sie ausreichendes Rüst-
zeug zur erfolgreichen Bewältigung einer unübersehbaren Menge algebraischer und geometrischer Probleme. Sie sind unerläßlich zur Eröffnung von
Einbruchstellen in die Lösung und charakteristisch für mathematisches
Denken überhaupt. Das Arbeiten nach diesen heuristischen Richtlinien
muß sich wie ein roter Faden durch den gesamten Mathematikunterricht
hindurchziehen. Nur so vermag dieser wirklich Geist und Seele des Lernen-
den zu fesseln, echtes Verständnis zu erzeugen und ganz allgemein das
Denken gründlich und nachhaltig zu schulen.

Die Methoden stellen durchaus natürliche und unwillkürliche Regungen im
Verhalten des Menschen ganz allgemein dar, sobald er von sich aus nicht

auf Anhieb mit einer Sache fertig wird. Er fragt sich dann sofort, wie er und andere zuvor ähnliche Schwierigkeiten überwunden haben, um diese Erfahrungen auch unter den neuen Verhältnissen zu verwerten. Er hält Umschau nach sachgerechten Hilfsmitteln, wie sie sich irgendwo vorfinden, oder stellt sich planmäßig solche selbst her. Eine umfangreiche Arbeit zerlegt er in Teile und erledigt diese nacheinander, jeden einzelnen für sich usf. Die aufzustellenden Grundsätze zur Lösung mathematischer Probleme werden durch den Hinweis auf solche Parallelen aus dem physischen Alltagserlebnis ohne weiteres einleuchtend.

Die mathematischen Probleme gliedern sich einmal in die Sicherung und Begrenzung von Erkenntnissen, soweit sie in Gestalt von Sätzen und Vermutungen bereits vorliegen, durch Beweise und zuweilen auch durch den Nachweis der Unmöglichkeit; dann in die Herstellung algebraischer und geometrischer Gebilde mit vorgegebenen Eigenschaften in Konstruktionsaufgaben. Darüber hinaus liegt schon in der richtigen Erfühlung des Vorliegens, der Auffindung und Formulierung neuer und insbesondere richtungsweisender Aufgaben ein heuristisches Problem ersten Ranges vor. Diese drei Grundaufgaben sind nicht streng voneinander geschieden durchzuführen. Die Lösung jeder von ihnen führt häufig mehrfach über die Erledigung von Sonderaufgaben aus dem Bereich der übrigen.

Die Lösung jeder mathematischen Aufgabe vollzieht sich allgemein in vier Abschnitten:

1. Das Verstehen der Aufgabe, die klare Erfassung und Herausarbeitung der einzelnen Forderungen.
2. Der Entwurf eines Gedankenganges, eines Lösungsplanes in seinen Grundzügen.
3. Die tatsächliche Durchführung desselben in allen seinen Einzelheiten.
4. Eine Schlußbetrachtung bestehend in einem Rückblick und einem Ausblick.

Die folgenden Darlegungen setzen sich zum Ziel, grundsätzliche heuristische Gedankengänge bei der Lösung mathematischer Probleme an Hand leichterer und schwierigerer Beispiele aus dem gesamten Gebiet der Schulmathematik aufzuzeigen; ferner dazu anzuregen, sie womöglich noch zu erweitern und zu vertiefen und sie endlich auch für den Unterricht methodisch nutzbar zu machen.

# I. Verstehen der Aufgabe

Soll irgendein Vorhaben gelingen, so muß man vor allen Dingen genau wissen, was man will; man muß Klarheit, d. h. eindeutige Auffassungen über die zu erfüllenden Forderungen haben. Auch scheinbar unwichtige Dinge dürfen nicht außer acht gelassen werden. Vollständiges Verstehen ist erste Vorbedingung auch in jeder neuen durch einen Fortschritt im Lösungsprozeß geschaffenen Situation, wenn die letzten entscheidenden Erkenntnisse zugänglich werden sollen.

Zur Erarbeitung des richtigen Verständnisses dienen ganz allgemein folgende Richtlinien:

1. *Mache Dir eine sorgfältige, übersichtliche Figur.*

Denn „Verstehen" heißt ja im Grunde genommen nichts anderes als „im Bilde sein", alles konkret, anschaulich, mit dem Auge bzw. auch nur in der Vorstellung erfassen.

a) *Bei geometrischen Problemen* ist die Formulierung oft schwerfällig und undurchsichtig, obwohl durchaus einfache, mit einem Blick sofort zu übersehende, anschauliche Verhältnisse vorliegen können. Es fehlt häufig an geeigneten oder geläufigen Wortbildungen, so daß man gezwungen ist den Entstehungsvorgang der Figur weitläufig mit in den Text aufzunehmen. Es ist daher wichtig, diesem Wortmangel durch einfache Bezeichnungen mit Buchstaben zu begegnen und die Aufgaben durch Verwendung derselben neu zu fassen und zu wiederholen, mit dem Erfolg, daß sich hierbei der Kern von selbst herausschält. Diese Bezeichnungen sind jedoch keineswegs wahllos, sondern sinnfällig und unter einem ordnenden Prinzip systematisch und eindeutig zu treffen. Dies in der Absicht, die geometrischen Aussagen für zwar prinzipiell gleiche Umstände, jedoch andere Lagen in der Figur, ohne weiteres einfach formulieren zu können. Systematik schärft das Gedächtnis und entlastet es zugleich. Sie dient einer Ökonomie des Denkens. Dem entspricht es, wenn z. B. die Projektion der Dreieckseite $a$ auf die Grundlinie $c$ in Abkürzung durch die Anfangsbuchstaben der Worte mit $p_{ac}$ bezeichnet wird, wobei zu beachten ist, daß dann $p_{ca}$ davon verschieden ist.

Die Figur zeichne man im Interesse der Übersichtlichkeit und Klarheit mit Zeichenmaterial und nie zu klein, tunlichst maßstäblich den geforderten, allgemeinen oder besonderen Gegebenheiten angepaßt. Man hüte sich aber bei allgemein gehaltenen Daten des Problems (z. B. beliebiges Dreieck) die Zeichnung speziell (z. B. als gleichschenkliges Dreieck) anzulegen, weil sich so nur zu leicht Trugschlüsse und irreführende Auffassungen einschleichen. Ebenso wirkt es verwirrend, wenn Strecken und Winkel einer Figur übereinander greifen, Flächen sich überdecken. Die Annahmen für die Figur sind daher so zu treffen, daß dies vermieden wird. Farbige Hervorhebung und Unterscheidung vermag ein Übriges. Die entworfene Zeichnung betrachte man von allen möglichen Seiten, drehe sie herum, zeichne sie erneut in den so abgeänderten Lagen. Ferner überlege man sich die Aussagen und Forderungen auch unter besonders einfachen Annahmen für das Gegebene. Dadurch prägt sich die Aufgabe fest ein, das Verständnis wird vertieft. Das Interesse wird angeregt, namentlich wenn dabei Erinnerungen an schon Bekanntes auftauchen und Vermutungen und Fragen über die Zusammenhänge sich einzustellen beginnen, so daß schließlich die Lösung erkennbar wird.

b) Für restlose Klarheit ist es unvermeidbar, daß die konstruktiven Elemente eines geometrischen Gebildes in der Figur in allen ihren wesentlichen und *kennzeichnenden* Eigenschaften sowohl für das Gegegebene als auch das Gesuchte offen ersichtlich sind. Bei ebenen Figuren ist dies immer an sich schon der Fall oder leicht zu verwirklichen, nicht dagegen bei der perspektivischen Darstellung räumlicher, *stereometrischer Verhältnisse*. Wie soll z. B. die Berührung zweier Kugeln in beliebiger Lage im Bilde unmittelbar erkenntlich gemacht werden? Statt einer perspektivischen Darstellung ist daher meist die ebene angezeigt und unvermeidbar. Sie hat in Form von *mehreren ebenen Schnitten* die bestimmenden konstruktiven Eigentümlichkeiten des räumlichen Gebildes zu enthalten und herauszustellen. Liegen z. B. auf dem Boden eines Würfels 4 Kugeln, die die Wände und sich selbst untereinander berühren und wird nun der Radius einer auf ihnen ruhenden Kugel gesucht, die bis zur Deckfläche reicht, so sind die notwendigen und ausreichenden Bedingungen in 2 ebenen Schnitten ersichtlich: Einmal in einem waagerechten Schnitt, die Mittelpunkte der 4 unteren Kugeln (und damit auch alle Berührungsstellen derselben) enthaltend und zweitens in einem lotrechten Diagonalschnitt durch den Würfel, in dem auch Mittelpunkt und Berührungsstellen der gesuchten Kugel sowie die Mittelpunkte zweier weiteren diagonalen Bodenkugeln liegen.

c) *Auch bei anderen mathematischen Problemen* gleich welcher Art ist es auf jeden Fall nützlich, wenn nicht dringend geboten, sich den Inhalt an Hand von *sinnfälligen Skizzen* über alle Einzelheiten und Vorgänge der Reihe nach klar zu machen und lebendig einzuprägen. Niemals abstrakte Grübeleien über Worte. Konkrete Anschaulichkeit bricht rasch und gründlich jeden Widerstand im Ringen um Klarheit und stachelt auch sonst noch die geistige Regsamkeit an! Die gegebenen Daten sind in die Skizzen womöglich mit Hilfe einer leicht einleuchtenden Symbolik einzutragen. Z. B.: Geschwindigkeiten durch Pfeile nach Größe und Richtung, Wege durch Strecken; Mengen, Zahlen durch Rechtecke gleicher Breite usf. Dies alles keineswegs nur bei Problemen mit anschaulichem Grundgehalt, sondern auch ganz abstrakter Natur und zwar entweder nach den Methoden der analytischen Geometrie oder auch an Hand eines geeigneten, geläufigen und anschaulichen Analogons. Die analytischen Eigenschaften einer Funktion z. B. werden am graphischen Bild leicht begriffen.

2. *Ermittle eingehend, was gegeben und was gesucht ist; unterstreiche deshalb jedes wesentliche Wort im Aufgabentext* und konzentriere die Aufmerksamkeit darauf.

Das Gegebene hebe man in der bereits erstellten übersichtlichen Figur farbig hervor, die charakteristischen Eigenschaften des Gesuchten (z. B. gleiche Strecken) in wieder anderer auffälliger Farbe, je nach der Art der Aufgabe, ob Konstruktion oder Beweis. *Die zu erfüllenden wesentlichen Bedingungen gliedere man* sich unter Berufung auf die Figur *in all ihre Einzelheiten auf und stelle sie in einer tabellarischen Übersicht zusammen.*

Voraussetzung und Behauptung im üblichen Euklidischen Beweisverfahren verfolgen übrigens mit den grundsätzlich gleichen Mitteln den gleichen Zweck der scharfen Erfassung und Einprägung des Problems. Beim Lesen des Textes auch anderer als geometrischer Aufgaben, z. B. aus dem Rechenunterricht, wirken kniffliche Zahlenangaben durch Brüche, verwickelte algebraische Ausdrücke oder die Umschreibung einer Größe durch eine Folge mathematischer Operationen ablenkend und verwirrend, weil dadurch das architektonische Gefüge des Rohbaus der Aufgabe verschleiert wird. Man setze vorübergehend dafür Buchstaben oder ein treffendes Wort und wähle für das Ergebnis der eingeschachtelten Operationen zunächst einmal eine beliebige einfache Zahl. Dadurch gewinnt der sprachliche Ausdruck sehr an Knappheit und Faßlichkeit. Überhaupt ist es sehr nützlich eine Aufgabe auch in anderen Worten wiederzugeben, ihren Inhalt zu umschreiben. Jedes neue Wort, jede neue Formulierung führt zu neuen Auffassungen, ja endgültigen Erkenntnissen.

3. *Prüfe endlich jedes einzelne wesentliche Wort auf seinen begrifflichen Inhalt durch die Frage: „Was bedeutet dies? Welche Kennzeichen liegen dafür vor?"*

Der Gebrauch eines Wortes ist nur solange sinnvoll und zulässig, als mit ihm ein eindeutiger, scharf abgegrenzter gedanklicher Inhalt verbunden ist. Ein Problem verstehen bedeutet nun doch nichts anderes, als ihm einen eindeutigen, in sich widerspruchsfreien und darum realisierbaren Sinn beizulegen. Die Anweisungen, die in jedem einzelnen Wort speziell gegeben sind, müssen daher selbst klar, d. h. eindeutig sein. Wir müssen uns also

z. B. fragen: „Was heißt denn symmetrisch zu einer Geraden?", was „ein-beschreiben"? „Was heißt Länge, was Flächeninhalt, was Geschwindigkeit?" „Was bedeuten Zahlenzeichen: 124, $^2/_3$, $a$, $a^m$, $\log a$, usw.?" Und nicht anders ist die Sachlage bei Worten wie Kreis, Gerade, Kegel, bei dem rein sinnlichen Vorstellungsbild von denselben und dem zeichnerischen Gegenstück dazu. Es gibt nur eine einzige Möglichkeit mit absoluter Sicherheit das tatsächliche Vorliegen eines Kreises, einer Geraden zu überprüfen: Das Zurückgreifen auf die Vorschrift der Erzeugung, auf die ursprüngliche, begriffliche Festlegung der Gebilde, oder auch auf die Kennzeichen, die in umkehrbar eindeutiger Weise sich aus der Definition ableiten lassen. Ob 4 Punkte auf ein und demselben Kreis liegen, kann nur ermittelt werden vermöge der Gleichheit ihrer Entfernungen von einem weiteren fünften Punkt, nach dem Satz vom Peripheriewinkel oder dem Sehnen- und Sekantensatz. Drei Punkte liegen auf einer Geraden, wenn der Proportionalsatz sich an ihren Abständen von einer anderen gegebenen Geraden voll bewährt oder der Flächeninhalt des Dreiecks mit den drei Punkten als Ecken gleich 0 ist usf. Zwei Kreise berühren sich dann, wenn sie in dem gemeinsamen Punkte die gleiche Tangente haben, was auch durch die kennzeichnenden Eigenschaften gewährleistet ist: Lage des Berührungspunktes auf der Zentralen, senkrechte Lage der gemeinsamen Tangente zu derselben.

Es ist deshalb wichtig, auch die Definitionen in die tabellarische Übersicht aufzunehmen; dies aber gleich in allen Möglichkeiten, in denen oft ein und derselbe Begriff durch andere ihn kennzeichnende Eigenschaften faßbar ist.

*4. Prüfe nach alldem, ob die Aufgabe einen Sinn hat, ob sie klar und eindeutig formuliert ist.*

Eine Problemstellung ist sinnlos, wenn sie Widersprüche in den Gegebenheiten oder in den zu erfüllenden Forderungen aufweist. Die Aufgabe kann insbesondere in dem Gegebenen zu viel willkürlich gewählte Daten aufweisen, so daß sie überbestimmt ist. Ein Teil derselben ist dann schon durch die Vorgabe der übrigen festgelegt und nicht mehr willkürlich. Die gestellten Bedingungen können sich ebenfalls als unverträglich unter sich oder mit den Gegebenheiten und darum als unerfüllbar herausstellen. Ferner ist es leicht möglich, daß der Aufgabentext mehrere Auslegungen an einer oder gleich mehreren Stellen zuläßt; dann spaltet sich das Problem in mehrere auf, die getrennt voneinander zu behandeln sind.

# II. Entwerfen eines Lösungsplans

*Allgemeines.* Die erfolgreiche Lösung eines mathematischen Problems ist keineswegs an eine ausgesprochene mathematische Spezialbegabung gebunden, sondern jedem Durchschnittsmenschen gegeben, der über einen gesunden Menschenverstand verfügt. Wichtig und charakteristisch ist dabei das *funktionale Denken.* Darunter versteht man das Operieren mit quantitativ definierten Größen unter dem prinzipiellen Gesichtswinkel ihrer funktionalen Abhängigkeit von anderen quantitativen Größen und ihrer Festlegung durch diese. Der Mathematiker muß sich demnach stets Fragen vorlegen und beantworten wie: *„Wovon ist die gerade betrachtete Größe abhängig und in welcher Weise, wovon ist sie nicht abhängig?"* Funktionales Denken ist gekennzeichnet durch *Konsequenz in der Ausnützung solcher Zusammenhänge.* Die Erkenntnis der funktionalen Abhängigkeit einer erörterten Größe von anderen Größen danken wir in erster Linie unserem Kombinationsvermögen, der verknüpfenden Tätigkeit unserer Phantasie. Ohne sie wären die ausgezeichneten Leistungen und Fortschritte in den mathematischen Wissenschaften undenkbar. Unter Kombinationsvermögen versteht man nun jene schöpferische Fähigkeit unseres Denkens, eine geeignete Auswahl unter der unübersehbaren Fülle unseres gesamten aktiven und passiven Wissensschatzes zu treffen; nämlich so, daß damit gleichzeitig eine vorteilhafte Nutzanwendung auf die augenblickliche Sachlage ersichtlich oder zu erwarten ist. Diese Auslese geschieht unter dem Leitgedanken der Feststellung von etwas Ähnlichem, Verwandtem, Analogem zu dem erörterten Fragenkomplex. Das Suchen nach solchen Analogien wird angeregt durch die Frage: *„Wo haben wir schon bei früheren Gelegenheiten etwas Ähnliches, etwas Verwandtes gesehen, die gleiche charakteristische Eigenschaft angetroffen?"* Unser gesamtes menschliches Denken bewegt oder erschöpft sich in Analogien. Das zeigt sich an den fortgesetzt herangezogenen Vergleichen, der Verwendung von Bildern im sprachlichen Ausdruck ebenso wie bei den Wort- und Begriffsbildungen der gelehrten und volkstümlichen Sprache.

Der Begriff des Analogen ist auch für mathematische Zwecke in recht umfassendem Sinne gedacht. Er fordert ganz allgemein lediglich das Bestehen irgendwelcher, wenn auch nur weniger Übereinstimmungen zwischen zwei Gegenständen unseres Wissens. Sie beziehen sich auf definierende Eigenschaften von Begriffen, die einander gegenübergestellt werden, oder auf Aussagen über sie. Analogie bedeutet Konzentration auf die Gemeinsamkeiten unter Nichtbeachtung oder Zurückstellung unterscheidender Merkmale. Eine Analogie zwischen zwei Aussagen liegt immer auch dann vor, wenn beide durch Einführung übergeordneter, von den speziellen Gegebenheiten abstrahierender Begriffe, sich durch den gleichen Wortlaut wiedergeben lassen. Dies trifft beispielsweise für die folgenden beiden Sätze zu: 1. Sehnensatz: Das Produkt der beiden Abschnitte auf zwei sich schneidenden Sehnen eines Kreises ist gleich groß. 2. Flächensatz eines Dreiecks: Das Produkt aus je einer von zwei Seiten eines Dreiecks und der zugehörigen Höhe ist gleich groß. Durch Verwendung des Begriffes „zusammengehörige Strecken" für die Faktoren der auftretenden Produkte in jedem der beiden Sätze, werden letztere gleichlautend. Wir sprechen dann von einer *formalen Analogie*. Es gibt Analogien zu Problemstellungen, zu Gesetzmäßigkeiten, seien sie nun bloß vermutet, behauptet oder gefordert; ferner Analogien zum und im Aufbau geometrischer und algebraischer Gebilde, zu Konstruktions- und Beweisverfahren. Als analog anzusprechen sind insbesondere alle *Probleme der gleichen Kategorie*. Soll jedoch hier der Begriff des „Ähnlichen", „Verwandten" sich nicht ins Uferlose und Nebelhafte verflüchtigen, so muß der Umfang einer solchen Kategorie durch Vorschriften quantitativer Art hinreichend beschränkt sein. Die Heranziehung einer zu dürftigen, fadenscheinigen Analogie verspricht praktisch keinen greifbaren Nutzen. Zu den mathematisch brauchbaren Analogien im zuletzt erörterten Sinne zählen z. B. Aufgaben über *lineare* Gleichungen mit mehreren Unbekannten, oder geometrische Verwandlungsaufgaben *geradlinig* begrenzter Figuren (mit der weitern definitionsgemäßen Einschränkung der Flächengleichheit).

Die Bedeutung der Analogie für das mathematische Denken besteht nun darin, daß sie unseren Geist anregt zu prüfen, ob der Kreis der zunächst nur bruchstückweise ersichtlichen Übereinstimmungen zwischen zwei Gegenständen unserer Untersuchung sich erweitern läßt. Als still gehegter Wunsch schwebt dabei immer das Ziel vor Augen tunlichst die *vollständige* Übereinstimmung unter prinzipiellen oder wenigstens nur unter formalen Gesichtspunkten zu erkennen. Ist dies aber ohne weiteres nicht völlig möglich, so sucht man dies durch zusätzliche Maßnahmen herbeizuführen. Manchmal gelingt dies durch sinngemäße Abänderung der Formulierung. Dies erweist sich z. B. notwendig beim Lösen der Aufgabe: Ein Dreieck durch eine Parallele zur Grundlinie in zwei Teile zu zerlegen, daß sich die Fläche des abgeschnittenen Dreiecks zu derjenigen des restlichen Trapezes wie 3:2 verhält. Das bekannte Analogon aber spricht nur vom Verhältnis der Flächen ähnlicher Dreiecke, für die sich in unserem Falle von selbst und als gleichwertiger Ersatz für die ursprüngliche Forderung ein Verhältnis 3:5 errechnet. Man muß sich daher bei solchen Gelegenheiten die Frage vorlegen: *„Können wir das Problem nicht passender formulieren?"* Es ist aber keineswegs immer möglich, eine Analogie zu einer vollkommenen, prinzipiell oder formal, zu machen. Besondere wesentliche Bedingungen eines Problems können trotz einiger Übereinstimmungen unverträglich mit wieder anderen Eigenschaften des Analogons sein. In einem solchen Falle ist die Analogie mathematisch wertlos und scheidet aus. Die *vollkommene* Analogie aber erlaubt alle schon bekannten Eigenschaften und funktionalen Zusammenhänge des Analogons auf den neuen Gegenstand unseres Studiums zu übertragen und hier nutzbar zu machen.

Die Auswertung solcher Verwandtschaften gründet sich demnach:

1. auf das fertig vorliegende Resultat des bekannten analogen Problems durch die Beantwortung der Frage: *„Wie können wir das Ergebnis der verwandten Aufgabe prinzipiell oder formal verwenden?"*

2. auf die vollständige Realisierung auch aller übrigen Eigenschaften des bekannten Analogons in der studierten neuen Konfiguration oder für algebraische Untersuchungen: *„Welche andern Eigenschaften des verwandten Problems sind für uns hier zutreffend und förderlich?"*

3. auf die prinzipielle Befolgung oder Nachahmung der bei ihnen angewandten Lösungsmethode. *„Können wir bei der Lösung nicht analog vorgehen?"* Denn diejenige Analogie, die durch die Formulierung der Probleme gegeben ist, legt durch „Analogieschluß" auch ein analoges Lösungsverfahren nahe; wie ja denn auch umgekehrt aus analogen Lösungsprozessen von Aufgaben derselben Kategorie analoge Ergebnisse zu erwarten sind.

Unser Kombinationsvermögen arbeitet um so sicherer, je lebhafter sich das Erinnerungsbild für die einzelnen Probleme und der Überblick über unsere gesamten mathematischen Kenntnisse eingeprägt haben. Das Gedächtnis wird aktiviert durch die gründliche Verarbeitung eines gelernten Stoffes am besten durch selbständige und freie Wiedergabe seines Inhalts; dann vor allem durch die spätere Wiederholung eines zurückliegenden Lehrstoffes von der höheren Warte der inzwischen gewonnenen neuen Einsichten aus; ferner endlich durch die Anlage einer gedrängten fortlaufenden Zusammenstellung gewonnener Lehrsätze, erläutert durch knappe algebraische Formulierung und durch einfache, eindringliche Figuren dazu. Dem gründlichen Verständnis dargebotener Lösungen von Problemen, wie überhaupt der Schulung des funktionalen und heuristischen Denkens ist nichts förderlicher als den meist unausgesprochenen Leitmotiven nachzuspüren, die den Autor zu jedem Schritt seiner Darlegungen bewogen haben dürften; gut ist es auch sich zu überlegen, warum er gerade diesen und nicht auch einen naheliegenden anderen Weg eingeschlagen hat.

Was heißt nun ein Problem lösen? Die Antwort auf diese Frage ist keineswegs so leicht und selbstverständlich, wie es auf den ersten Blick erscheinen mag. Befriedigende und klare Vorstellungen über das Wesen einer Lösung ergeben sich erst durch Betrachtung des grundsätzlichen Vorgehens bei Beweis und Konstruktion an Hand von konkreten Beispielen, etwa aus der ebenen Geometrie. Die Übertragung auf andere mathematische Gebiete liegt nahe und führt zu prinzipiell gleichen Feststellungen. Ein tieferes Verständnis ist aber so lange ausgeschlossen, als keine ausreichende Klarheit über das Wesen einer mathematischen Disziplin, hier der Geometrie, und den Sinn der in ihr gebräuchlichen Ausdrücke vorhanden ist. Wir müssen daher etwas weiter ausholen.

In der ebenen Geometrie gibt es:

1. Elemente: Punkt und Gerade; ferner auch die daraus abgeleiteten einfachsten Grundgebilde: der Strecke, des Winkels, der Fläche.
2. Lagengrundbegriffe wie der Parallelität, des Senkrechtstehens zweier Geraden. Metrische Grundbegriffe der Gleichheit, der Kongruenz, der Ähnlichkeit, des Längen-, Winkel- und Flächenmaßes.
3. Elementare Operationen: Addition, Subtraktion, Vervielfältigung und Teilung von Strecken und Winkeln; Addition und Subtraktion von Flächen; Parallelverschiebung, Drehung usf.

Eindeutigkeit und praktische Ausführbarkeit sind die wichtigsten Merkmale aller dieser elementaren Operationen. Sie oder eine festgelegte Folge von ihnen schaffen durch die eindeutige Zuordnung einen funktionalen Zusammenhang, eine Beziehung, eine Verknüpfung. Wenn wir von den Eigenschaften eines geometrischen Gebildes sprechen, so sind darunter nichts anderes als solche elementaren Operationen und Grundbegriffe lagenmäßiger und metrischer Art zu verstehen, die die jeweils bezeichneten Elemente des Gebildes untereinander verknüpfen. Durch Definition kann eine Konfiguration erweitert werden. In der Definition liegt dann eine Eigenschaft der neu eingeführten Elemente. Die tatsächliche, konkrete Herstellung und Ermittlung irgendeiner Eigenschaft in einer Figur setzt voraus, daß alle Elemente, welche an den vorzunehmenden Grundoperationen beteiligt sind, selbst konkret nach Lage und Größe vorliegen. Trifft dies zu, so sprechen wir von der *Realisierung* der Eigenschaft und des sie aufweisenden Gebildes. Realisierbar soll demnach heißen: Durch eine feststehende Folge *bekannter* Operationen mit *bekannten* Elementen konkret herzustellen, zu konstruieren.

Nach diesen allgemeinen Erörterungen wenden wir uns nun zum *Beweis*: Jedes Beweisverfahren besteht, wie an beliebigen der später angeführten Beispiele nachprüfbar ist, in der Ermittlung einer *Kette von Eigenschaften* eines Gebildes, deren Schlußglieder die vermuteten oder behaupteten Eigenschaften sind. Das Anfangsglied der Kette bildet stets irgendeine erkannte Eigenschaft der von vornherein vorhandenen Elemente der Figur. Die Auswertung dieser neuen Erkenntnis erfolgt durch elementare Operationen oder vermöge einer Analogie, deren Vervollständigung die Einführung von Hilfselementen oder -gebilden mit sich bringt. Die durch letztere erweiterte Konfiguration zeigt nun wieder eine Eigenschaft, an der nun auch Hilfselemente beteiligt sind und die ihrerseits wieder die Einbeziehung weiterer Hilfsgebilde veranlaßt. So schreitet der Prozeß immer weiter, bis schließlich alle diejenigen Elemente restlos erfaßt werden können, auf die sich die zu prüfende Eigenschaft bezieht. Die letztere ist zugleich der Wegweiser für die Auswahl unter den oft gleich mehrfach auftretenden Beziehungen in der erweiterten Figur, so daß das Verfahren mit Notwendigkeit in die gewünschte richtige Erkenntnis münden muß.

Jede *Konstruktion* verläuft in der schrittweisen *Realisierung einer Kette von Elementen* durch (bekannte) elementare Operationen, bis schließlich das gesuchte Gebilde erzeugt ist. Zu dem Zwecke sind zuvor immer, wie bei einem Beweisverfahren, die Eigenschaften einer Musterfigur zu studieren, von der angenommen wird, daß sie neben den gegebenen Bestimmungselementen auch die geforderten Eigenschaften unbekannter Elemente des zu konstruierenden Gebildes aufweist. Diese geforderten Eigenschaften haben als Ersatz für die entsprechende Anzahl fehlender bekannter Elemente der Figur zu gelten und sind entscheidend mitbestimmend für die aufzufindenden Eigenschaften der Musterfigur. Letztere sind nötig zur konkreten Ermittlung unbekannter Elemente der zu erstellenden Konfiguration. Die Erforschung der Eigenschaften einer Musterfigur deckt sich grundsätzlich mit dem Vorgehen beim Beweis und arbeitet ausgiebig mit der Heranziehung von Analogien und entsprechender Hilfsgebilde. Die Auswahl unter einer Vielzahl erkundeter Eigenschaften erfolgt aber hier unter dem beherrschenden Gesichtspunkt der Realisierbarkeit, d. h. daß sie sich lediglich auf gegebene oder bereits neu ermittelte Elemente stützen. Bereits das erste Glied in der Kette eines Konstruktionsprozesses besteht in der Realisierung eines Elementes oder Hilfsgebildes. Diese sind organische Hilfsmittel, weil sie wesentliche Eigenschaften, nämlich mehrere der gegebenen Stücke und Bedingungen der Aufgabe — aus denen sie ja ausschließlich erstellt sind — mit ihr gemein haben. Jedes so bestimmte Hilfsgebilde (z. B. ein Kreis) geht durch die Verwertung seiner wesentlichen Eigenschaften (Kreissätze) in den Lösungsgang des Problems ein.

Eine Konstruktion kann sich aber auch von vornherein auf die Vermutung bestimmter realisierbarer Eigenschaften stützen; dann aber sind sie immer durch einen Beweis zu erhärten.

Als gemeinsamen Zug jeden Konstruktions- und Beweisverfahrens in der ebenen Geometrie stellen wir zusammenfassend fest: Die Lösung eines mathematischen Problems beruht auf der Herstellung allgemein gültiger funktionaler Beziehungen zwischen Gegebenem und Gesuchtem. Diese selbst bestehen in bestimmten Folgen *elementarer* funktionaler Zusammenhänge. In dieser Fassung ist die Frage nach dem Wesen einer Lösung für beliebige mathematische Aufgaben zu beantworten.

Aus vorstehenden allgemeinen Erläuterungen werden die grundsätzlichen Richtlinien offenbar, unter denen die Erarbeitung eines Lösungsplans vor sich zu gehen hat:

1. Die richtige Erstellung einer Konfiguration (in der Algebra: der Ansätze), die sich zur Auffindung funktionaler Zusammenhänge eignet.

2. *Die Untersuchung einer solchen vorliegenden Konfiguration* (in der Algebra: Gleichung) *auf ihre Eigenschaften hin unter Hinzunahme bekannter Analogien.*

3. *Die aktive Erzeugung geeigneter Analogien zu einem gegebenen Problem,* falls solche nicht erkenntlich sind. Verbunden damit ist die Frage nach den Grenzen ihrer Gültigkeit und ihrer Verwertbarkeit.

Im folgenden sollen nun an Hand von Beispielen die Prinzipien entwickelt werden, wie man dabei zu Werke zu gehen hat.

## § 1.  Die Erstellung und statische Erkundung einer Figur

### 1. Beispiel

*Satz:* Die Flächen zweier Dreiecke, die in einem Winkel übereinstimmen, verhalten sich wie die Produkte der diesen Winkel einschließenden Seiten.

*1. Beweis:* Um von vornherein den Voraussetzungen des Satzes zu genügen, erfüllen wir die Bedingung der Gleichheit der Winkel, indem wir die Dreiecke so aufeinander legen, daß die gleichen Winkel zur Deckung kommen; beim Flächeninhalt aber greifen wir auf seine Definition durch das halbe Produkt aus Grundlinie und Höhe zurück und fällen sofort (zur konkreten Erfassung des Begriffs Höhe) die beiden Höhen $C_1D_1 = h_1$ und $C_2D_2 = h_2$ (Fig. 1). Nach Kürzung eines Faktors 2 in Zähler und Nenner ergibt sich:

$$\frac{F(AB_1C_1)}{F(AB_2C_2)} = \frac{AB_1 \cdot h_1}{AB_2 \cdot h_2}$$

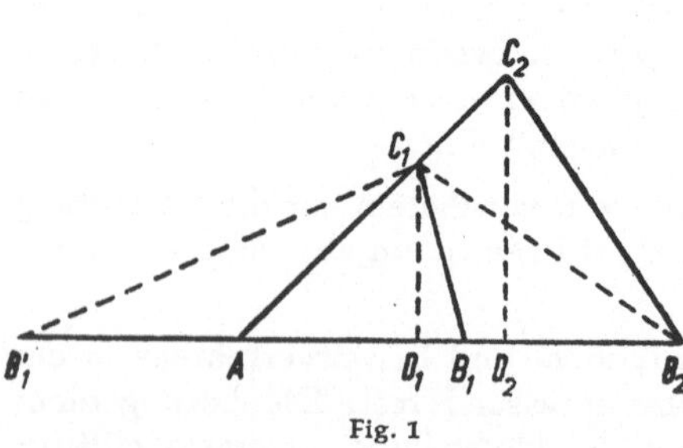

Fig. 1

Im Flächenverhältnis treten hier der Formulierung des Satzes fremde Größen $h_1$ und $h_2$ auf, die sich, die Richtigkeit des Satzes als feststehend

12

vorausgesetzt, durch andere Stücke ersetzen lassen müssen. In der Tat folgt aus der Ähnlichkeit der Dreiecke $AC_1D_1$ und $AC_2D_2$

$$\frac{h_1}{h_2} = \frac{AC_1}{AC_2}$$

und damit die Gültigkeit der Behauptung:

$$\frac{F(AB_1C_1)}{F(AB_2C_2)} = \frac{AB_1 \cdot AC_1}{AB_2 \cdot AC_2} \quad \text{w.z.b.w.}$$

*2. Beweis:* Wir suchen als Ausgangspunkt ein bekanntes Analogon zu dem Problem und fragen: *„Kennen wir nicht schon einen ähnlichen Satz über Dreiecksflächen?"* Antwort: Ja! Wenn die beiden Dreiecke eine gemeinsame Spitze hätten, würden sich die Flächen wie die auf derselben Geraden liegenden Grundlinien verhalten. In unserer Figur gibt es aber keine Dreiecke mit gemeinsamer Spitze. Aus dieser Verlegenheit hilft uns ein frischer Entschluß: *Was nicht vorhanden ist, stellen wir uns eben her!* Wir ziehen deshalb etwa die Hilfslinie $C_1B_2$. Dadurch entstehen bemerkenswerterweise Dreiecke mit gemeinsamer Spitze gleich in doppelter Weise, wobei allerdings ein unerwünschtes Dreieck $AB_2C_1$ mit in Kauf genommen werden muß. Wir lassen uns dadurch nicht abschrecken und notieren:

$$\frac{F(AB_1C_1)}{F(AB_2C_1)} = \frac{AB_1}{AB_2} \; ; \qquad\qquad \frac{F(AC_1B_2)}{F(AB_2C_2)} = \frac{AC_1}{AC_2} \cdot$$

Durch Multiplikation fällt das satzfremde Hilfselement $F(AB_2C_1)$ weg und es bleibt:
$$\frac{F(AB_1C_1)}{F(AB_2C_2)} = \frac{AB_1 \cdot AC_1}{AB_2 \cdot AC_2} \quad \text{w.z.b.w.}$$

Der Definition des Flächeninhalts ist durch das benützte Analogon genügend Rechnung getragen worden.

*Zusatz:* Macht man $AB_1' = AB_1$, so ist $F(AC_1B_1') = F(AB_1C_1)$; der Satz gilt also nicht nur, wenn die Winkel bei $A$ gleich sind, sondern auch wenn sie supplementär sind!

*Rückblick:* Abgesehen von der *Einleitung der Lösung durch die Realisierung der Bedingung in der Figur* ist der Erfolg unseres Vorgehens dem *Ziehen von Hilfslinien* zu danken um beim ersten Beweis die Definition der analytischen Hilfsmittel konkret zu erfassen; beim zweiten um die Figur so zu ergänzen, daß sie auch die Bedingungen des Analogons aufwies. Dort wurden die zwei Höhen so gewählt, daß eine Beziehung zwischen ihnen zu gegebenen Stücken bestand; hier aber die einzige Hilfslinie so, daß das bekannte Analogon gleich in doppelter Weise realisiert wurde, was die Aufstellung zweier Beziehungen der erörterten Flächen zu einer unbekannten Hilfsfläche ermöglichte. Elimination der Hilfsgrößen lieferte dann den gewünschten Zusammenhang. Daß hier methodisch verwertbare Erkenntnisse vorliegen, wird sich im folgenden auch in neuem Lichte zeigen.

## 2. Beispiel

*Satz des Menelaos:* Schneidet eine Gerade die drei Seiten eines Dreiecks, so ist das Produkt der im gleichen Umlaufssinn gerechneten Teilverhältnisse der drei Seiten gleich 1.

*Überdenken des Satzes:* Betrachten wir unbefangen die Figur 2, so zeigen sich die Voraussetzungen des Satzes gleich in vierfacher Weise. In der Tat ist keine der vier Geraden vor der andern ausgezeichnet; jede kann daher als Schneidende der Seiten des Dreiecks aus den drei übrigen angesehen werden.

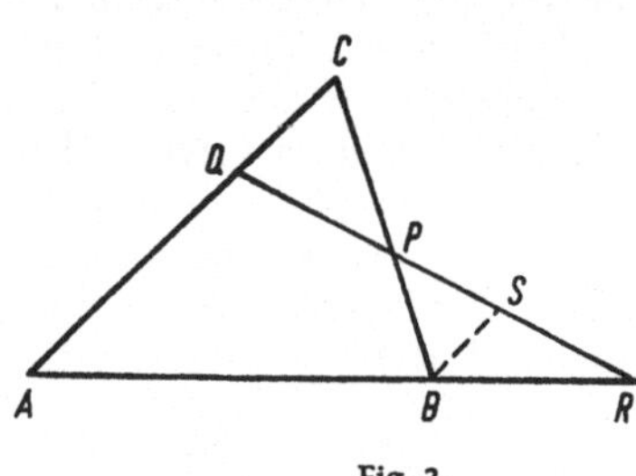

Fig. 2

Daß ein Zusammenhang zwischen den Teilverhältnissen der drei Seiten des Dreiecks $ABC$ bestehen muß, ist sicher, denn aus der Lage von $P$ und $Q$ ergibt sich eindeutig $R$ dadurch, daß $Q$ und $P$ ausdrücklich durch eine Gerade verbunden werden. Das Bestehen des Satzes ist sicher lediglich eine Folge der jeder Geraden eingeprägten Eigenschaften.

*Beweis:* Durch die Erfassung des Begriffs „Gerade" durch den Proportionalsatz eröffnet sich ein Zugang zur Lösung. Um den Satz anwenden zu können ist das Ziehen einer Parallelen erforderlich. Welche nun und durch welchen Punkt? Durch $A$ parallel $BC$ oder $QR$ oder etwa $P$ parallel $AC$ oder $AB$? usf. Das muß aber völlig gleichgültig sein, wie die Erkenntnis der vierfachen Gültigkeit des Satzes in der Figur lehrt. Irgendeine der erwähnten vier Beziehungen muß sich ergeben, wenn nicht gerade für das Dreieck $ABC$ im Sinne der Aussage des Satzes formuliert, so doch für irgendein anderes z. B. $ARQ$ oder $PQC$ usf. Damit ist die Unsicherheit beseitigt und wir ziehen etwa $BS \parallel AC$. Die wieder bemerkenswerterweise doppelt mögliche Anwendung des Proportionalsatzes liefert die Beziehungen:

$$\frac{AQ}{BS} = \frac{AR}{BR} \quad (A, B, R \text{ auf einer Geraden gelegen, sobald es } PQR \text{ sind});$$

$$\frac{BS}{CQ} = \frac{BP}{CP} \quad (\text{auch } B, P, C \text{ dann auf einer Geraden befindlich}).$$

Durch Multiplikation wird das fremde Zwischenstück $BS$ beseitigt und es folgt:

$$\frac{AR}{BR} \cdot \frac{BP}{CP} \cdot \frac{CQ}{AQ} = 1 \quad \text{w.z.b.w.}$$

14

Daß auch die Geradlinigkeit von $AQC$ erfaßt ist, liegt in der Tatsache $AQ \parallel BS \parallel CQ$ begründet. Faßt man $BC$ als Schneidende auf, so ergibt die Anwendung des Satzes auf Dreieck $ARQ$ das Teilverhältnis $QP:PR$.

*2. Beweis:* Wenn man nach Beziehungen in einer Figur forscht, denkt man fast ausschließlich nur an Winkel und Strecken und vergißt darüber die Flächen, an denen Zusammenhänge oft sogar noch einfacher, unmittelbarer festzustellen sind. Die Nutzanwendung dieser Bemerkung führt gerade bei unserm Satz zu einer neuen Lösung.

In unserer Figur 2 sind mehrfach auch die Voraussetzungen für die Anwendbarkeit des Satzes im 1. Beispiel vorhanden: In jedem der bezeichneten sechs Punkte treffen Dreiecke mit gleichen oder supplementären Winkeln zusammen. Welche der daraus erwachsenden Beziehungen sind nun zu benützen? Antwort: Auf jeden Fall alle! Denn es gilt ja die Beziehungen der Konfiguration voll zu erfassen; eine geeignete Auswahl kann nachträglich ja immer noch getroffen werden. Wir stellen daher folgende sechs Proportionen auf:

$$1. \quad \frac{F(ABC)}{F(ARQ)} = \frac{AB \cdot AC}{AR \cdot AQ}; \qquad 4. \quad \frac{F(PBR)}{F(PCQ)} = \frac{PB \cdot PR}{PC \cdot PQ};$$

$$2. \quad \frac{F(BRP)}{F(ABC)} = \frac{BR \cdot BP}{BA \cdot BC}; \qquad 5. \quad \frac{F(QPC)}{F(QAR)} = \frac{QP \cdot QC}{QA \cdot QR};$$

$$3. \quad \frac{F(CPQ)}{F(ABC)} = \frac{CP \cdot CQ}{CA \cdot CB}; \qquad 6. \quad \frac{F(RAQ)}{F(RBP)} = \frac{RA \cdot RQ}{RB \cdot RP}.$$

Wir bemerken, daß durch Multiplikation von 1. und 2. auf der linken Seite das Verhältnis der gleichen Flächen wie in 6. entsteht. Auch sonst lassen sich unter den 6 Gleichungen je drei so finden, daß in ihnen ein geschlossener Zyklus von nur drei Dreiecken auftritt. Multiplikation von 4., 5., 6. liefert nach Kürzung:

$$\frac{AR}{BR} \cdot \frac{BP}{CP} \cdot \frac{CQ}{AQ} = 1 \quad \text{w.z.b.w.}$$

Hätten wir etwa 1., 3. mit dem reziproken Wert von 5. multipliziert, so wäre das Ergebnis:

$$\frac{BA}{RA} \cdot \frac{RQ}{PQ} \cdot \frac{PC}{BC} = 1,$$

inhaltlich derselbe Satz, jedoch bezogen auf Dreieck $BRP$ mit $AC$ als Schnittgerade.

*Rückblick:* Als methodisch bemerkenswert entnehmen wir den vorgetragenen Lösungen folgende neuen Erkenntnisse:

1. Prüfe an Formulierung und Figur ein Problem auf seinen grundsätzlichen Inhalt, d. h. nicht nur unter dem Gesichtspunkt der speziellen Fragestellung.
2. Neben Winkeln und Strecken sind auch Flächen für das Auffinden von Beziehungen nicht minder wertvoll.
3. Erfasse *alle* sich bietenden Zusammenhänge einer Figur! Ohne Ausnahme!
4. Die Einführung *einer* Hilfsgröße zur Auffindung einer von ihr unabhängigen Beziehung durch Elimination läßt sich auf einen Zyklus *mehrerer* solcher Hilfsgrößen erweitern, wenn für diese entsprechend viele Beziehungen zu erörterten Größen ermittelbar sind.

### 3. Beispiel

*Satz des Ceva:* Schneiden sich drei Ecktransversalen eines Dreiecks in einem Punkte $S$, so werden die Dreieckseiten so geteilt, daß das Produkt der im gleichen Umlaufssinn gerechneten Teilverhältnisse gleich 1 ist.

Wie sehr sich die bisher dargelegten Prinzipien bewähren, dafür mag dieses neue Beispiel als Beleg dienen.

*Überdenken des Satzes:* Die vorurteilslose Erfassung des wesentlichen Inhalts des Problems und seiner Konfiguration 3 lehrt, daß die Voraussetzungen des Satzes nicht nur für Dreieck *ABC*, sondern auch für die Dreiecke *ABS*, *BCS*, *CAS* realisiert sind; ferner kann der Satz nur einen Ausschnitt aus den viel umfassenderen Beziehungen der Figur darstellen, die sich auch auf die Teilverhältnisse der Transversalen erstrecken müssen und die wieder lediglich in den Eigenschaften von Geraden ihre letzte Ursache haben.

*1. Beweis:* Die Figur 3 läßt unmittelbar keine brauchbaren Beziehungen aufstellen. Wir studieren sie daher unter Anrufung unseres Gedächtnisses, indem wir uns fragen: *„Ist uns nicht irgendwo eine ähnliche Figur begegnet?"* Die Antwort liegt nahe: Gewiß, in derjenigen des vorhergehenden Beispiels; sie ist sogar mehrfach in Figur 3 zu sehen. Die bestehende vollständige Analogie zum Satze des Menelaos in Teilen der Figur 3 gibt somit die Grundlage zur systematischen Erledigung des Problems.

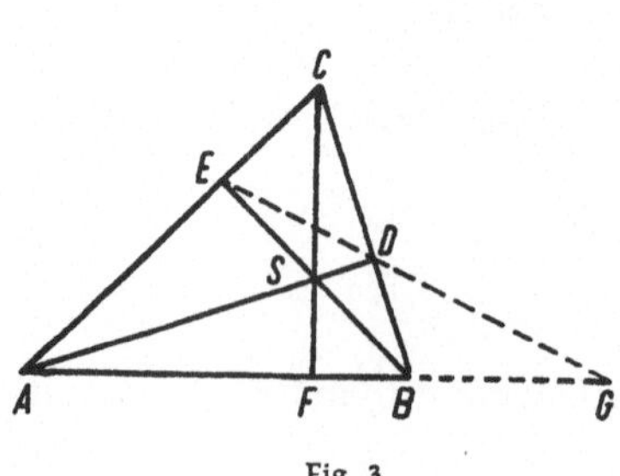

Fig. 3

Die Anwendung auf die Dreiecke $AFC$ und $BFC$ mit den Schnittgeraden $BE$ bzw. $AD$ führt zu den Gleichungen

$$\frac{AB}{FB} \cdot \frac{FS}{CS} \cdot \frac{CE}{AE} = 1 \tag{1}$$

$$\frac{FA}{BA} \cdot \frac{BD}{CD} \cdot \frac{CS}{FS} = 1 \tag{2}$$

mit der nicht satzgerechten Hilfsgröße $\dfrac{FS}{CS}$, deren Beseitigung durch Multiplikation der linken und rechten Seiten unter sich, nach Kürzung von $AB$, die Richtigkeit des Satzes bestätigt

$$\frac{AF}{BF} \cdot \frac{BD}{CD} \cdot \frac{CE}{AE} = 1 \quad \text{w.z.b.w.} \tag{3}$$

Gleichungen (1) und (2) enthalten aber noch eine weitere Koppelung: $FA + FB = AB$. Wir schreiben:

$$\frac{FB}{AB} \cdot \frac{CS}{FS} = \frac{CE}{AE} \tag{1}$$

$$\frac{FA}{AB} \cdot \frac{CS}{FS} = \frac{CD}{BD} \tag{2}$$

und addieren:

$$1 \cdot \frac{CS}{FS} = \frac{CD}{BD} + \frac{CE}{AE} \tag{4}$$

Durch zyklische Vertauschung der Buchstaben: $A$ mit $B$; $B$ mit $C$; $C$ mit $A$ und gleichzeitig $F$ mit $D$; $D$ mit $E$; $E$ mit $F$ folgen zwei weitere Beziehungen, die erlauben *das Teilverhältnis einer Transversalen als Summe* der *Teilverhältnisse der durch dieselbe Ecke gehenden Seiten zu ermitteln.* Die Teilverhältnisse sind dabei alle von der betreffenden Ecke aus zu rechnen.

Übertragen wir nun aber die beiden gefundenen und für das Dreieck $ABC$ formulierten Sätze (3) und (4) auf das Dreieck $ABS$, bei welchem $C$ als Schnittpunkt seiner Ecktransversalen zu gelten hat, so kommt an Stelle von (3)

$$\frac{AF}{BF} \cdot \frac{BE}{SE} \cdot \frac{SD}{AD} = 1 \quad \text{oder} \quad \frac{AF}{BF} = \frac{SE}{BE} \cdot \frac{AD}{SD} \tag{5}$$

und zwei weitere Gleichungen durch zyklische Vertauschung, die das Teilverhältnis jeder Seite aus Streckenverhältnissen derjenigen beiden Transversalen von Dreieck $ABC$ zu berechnen gestatten, die von den Enden der Seite ausgehen.

Bei (4) aber wird die Formulierung, übertragen auf Dreieck $ABS$, ersetzt durch:

$$\frac{SC}{CF} = \frac{SD}{AD} + \frac{SE}{BE}$$

Da keine Transversale vor der anderen ausgezeichnet ist, führen wir auch an Stelle von $SC$ die Entfernung $SF$ des Punktes $S$ von dem auf einer Dreieckseite gelegenen Punkt $F$ ein: $SF = CF - SC$. Dann folgt der nach *Euler* benannte Zusammenhang zwischen den Teilverhältnissen der 3 Transversalen:

$$\frac{SD}{AD} + \frac{SE}{BE} + \frac{SF}{CF} = 1. \tag{6}$$

Wenn $SC > CF$ wird $SF$ negativ. Ist also der Schnittpunkt $S$ der Transversalen von einer Ecke durch die dieser gegenüberliegende Seite getrennt, so ist der Transversalenabschnitt nach der Dreieckseite hin negativ zu rechnen; ebenso deshalb nach (1) und (2) die, Verlängerungen von Dreieckseiten darstellenden, Seitenabschnitte.

Damit sind sämtliche Zusammenhänge der Figur aufgedeckt.

*2. Beweis:* Wem beim Suchen nach Eigenschaften in der Figur die Verwendbarkeit des Satzes des *Menelaos* entgangen ist, wird trotzdem zum Ziele gelangen, sobald er auf das Studium von Flächenbeziehungen verfällt. In der Tat zeigt Figur 3 eine Menge von Dreiecksflächen *besonderer* Art, die deshalb auch Zusammenhänge mit Strecken leicht erkennen lassen. Es gibt hier Dreiecke mit gemeinsamen Grundlinien, mit gleicher Höhe, mit einem gleichen oder supplementären Winkel. Die Fülle der Möglichkeiten macht auch hier wieder die tabellarische Aufstellung aller Beziehungen notwendig. So läßt sich auch leichter feststellen, welche Beziehungen für die Lösung allein in Betracht kommen. Daß sich hierbei auch der Satz des *Menelaos* einstellen muß, liegt auf der Hand. Seine Verwertung von vornherein bedeutet daher eine Verringerung der Arbeit, eine Abkürzung des Verfahrens, die übrigens die Heranziehung jeder Analogie mit sich bringt. Die Befolgung einer systematischen Ordnung bei der Aufstellung der Beziehungen gestattet, uns auf die Niederschrift der folgenden fünf zu beschränken, da alle übrigen daraus durch sinngemäße Vertauschung der Buchstaben hervorgehen.

$$1.\ \frac{F(AFS)}{F(ABS)} = \frac{AF}{AB}; \qquad 2.\ \frac{F(ASC)}{F(AFS)} = \frac{CS}{FS}; \qquad 3.\ \frac{F(ASF)}{F(AFC)} = \frac{FS}{FC};$$

$$4.\ \frac{F(AFC)}{F(ABC)} = \frac{AF}{AB}; \qquad 5.\ F(ABS) + F(BCS) + F(CAS) = F(ABC).$$

Multiplikation von 1. und 2. liefert:

$$\frac{F(ASC)}{F(ABS)} = \frac{AF}{AB} \cdot \frac{CS}{FS} \quad \text{und durch Vertauschung} \quad \frac{F(BSC)}{F(ABS)} = \frac{BF}{AB} \cdot \frac{CS}{FS}$$

von $A$ und $B$ :

Dividiert man, zur Erzielung einer ersichtlichen Vereinfachung, so entsteht:

$$\frac{F(ACS)}{F(BCS)} = \frac{AF}{BF}$$

und durch zyklische Vertauschung:

$$\frac{F(BAS)}{F(CAS)} = \frac{BD}{CD}\ , \qquad \frac{F(CBS)}{F(ABS)} = \frac{CE}{AE}\ ,$$

drei Gleichungen mit einem Zyklus von 3 Hilfsgrößen, die, nach ihrer Elimination durch Multiplikation, den Satz des Ceva (3) Seite 17 ergeben.

Der Vergleich von 1. und 4.: $\quad F(AFS) : F(ABS) = F(AFC) : F(ABC)$

oder $\qquad\qquad\qquad\qquad F(ABS) : F(ABC) = F(AFS) : F(AFC)$

gibt nach 3. zusammen mit weiteren zyklischen Vertauschungen:

$$\frac{F(ABS)}{F(ABC)} = \frac{FS}{FC} \qquad \frac{F(BCS)}{F(ABC)} = \frac{DS}{DA} \qquad \frac{F(CAS)}{F(ABC)} = \frac{ES}{EB}$$

und durch Addition nach 5. die *Euler*sche Relation (6) Seite 18.

Daß die sinngemäße Formulierung dieser beiden Sätze für Dreieck $ABS$ mit $C$ als Schnittpunkt seiner Ecktransversalen — ähnlich wie beim 1. Beweis — die noch ausstehenden zwei weiteren Beziehungen erwarten läßt, bedarf keiner Erörterung. Es sei noch darauf hingewiesen, daß der Satz des Menelaos, angewandt auf Dreieck $ABC$ in Figur 3, den Ausdruck ergibt:

$$\frac{AG}{BS} \cdot \frac{BD}{CD} \cdot \frac{CE}{AE} = 1\ ,$$

dessen zweiter und dritter Faktor auch im Satz des Ceva auftritt und durch Vergleich mit ihm erkennen läßt, daß

$$\frac{AG}{BG} = \frac{AF}{BF}\ .$$

Punkt $G$ teilt $AB$ von außen im selben Verhältnis, wie $F$ von innen. $G$ und $F$ sind harmonische Punkte!

*Rückblick:* Durch Verwendung von Flächenbeziehungen und des Satzes des Menelaos hat sich das Ziehen von Hilfslinien erübrigt. Flächenbegriff und Satz des Menelaos tragen der Voraussetzung, daß wir es mit Geraden zu tun haben, von sich aus schon hinreichend Rechnung. Verzichtet man aber auf diese Hilfsmittel, so werden für einen 3. Beweis — der Sache des Lesers sein möge — Hilfslinien (etwa durch $E$ parallel $CF$ und durch $D$ parallel $CF$) zur Erfassung des Geradenbegriffs unbedingt nötig.

*Satz:* Im Kreise ist der Peripheriewinkel über einem gegebenen Bogen konstant.

*Überdenken des Satzes:* Was spricht für seine Gültigkeit? Sie trifft tatsächlich zu, wenn der Peripheriewinkel 90° beträgt (Satz des Thales).

*Beweis:* Lassen wir Punkt C auf dem Kreisbogen bis B bzw. A wandern, so geht die (verlängerte) Sehne BC bzw. AC in die Tangente in B bzw. A über, der andere Schenkel in die Sehne AB (Fig. 4). Es entsteht in jeder

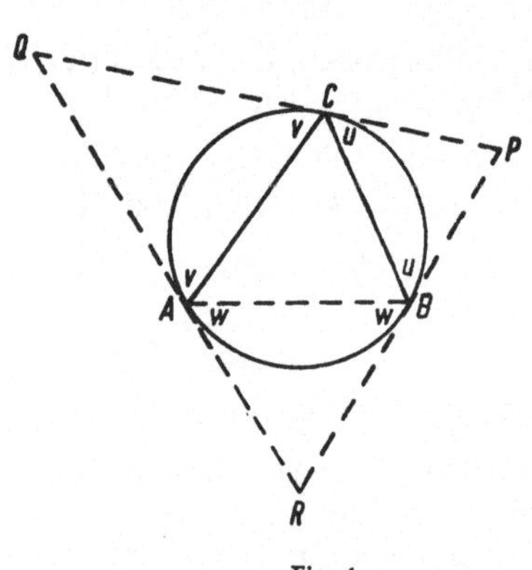


Fig. 4

dieser Grenzlagen ein ausgearteter Peripheriewinkel, der sogenannte Sehnentangentenwinkel, den wir wegen seiner Eigenart in der Figur realisieren, indem wir in B und A die Tangenten, sowie die gemeinsame Sehne AB als Hilfslinien ziehen. Der Peripheriewinkel bei C müßte, wenn der Satz richtig ist, gleich dem Sehnentangentenwinkel $ABR = w$ bzw. $BAR = w$ sein. In der tatsächlichen Gleichheit dieser beiden Winkel ist daher eine teilweise Bestätigung für das Zutreffen unserer Vermutung zu erblicken. Da nun C als Kreispunkt in keiner Weise vor A und B bevorzugt ist und sich die Tangenten in A und B bewähren, ist es folgerichtig auch C eine Tangente zuzuordnen. Dadurch werden zwei weitere gleichschenklige Dreiecke ACQ und BCP mit den Basiswinkeln $v$ und $u$ gebildet. Die Ermittelung der Winkelsumme im Dreieck PQR:

$$180 - 2w + 180 - 2v + 180 - 2u = 180° \quad \text{oder} \quad u + v + w = 180°$$

zeigt, daß
$$\sphericalangle ACB = 180 - u - v = w$$

und somit immer konstant ist, w. z. b. w.

Die Kreiseigenschaft geht durch die Gleichheit von drei Paaren von Sehnentangentenwinkeln in den Punkten A, B, C in den Beweisgang ein.

*Rückblick.* Als neue methodische Hilfsmittel zur Lösung eines Problems empfehlen sich:

1. eine allgemein orientierende, kritische Prüfung eines Problems auf die Möglichkeit seiner Richtigkeit und Widerspruchslosigkeit besonders auch durch Schlußfolgerungen aus ihm,

2. die Heranziehung von ausgearteten *Grenzfällen* eines Problems insbesondere auch für die Einführung von Hilfslinien und

3. die organische Vervollständigung der Zahl der Hilfslinien in allen Teilen einer Figur, sobald letztere grundsätzlich gleichen Bedingungen unterworfen sind.

### 5. Beispiel

*Satz des Pappus:* Zieht man durch den Berührungspunkt zweier Kreise zwei beliebige durchgehende (Doppel-)Sehnen, so ist das entstehende dritte Sehnenpaar unter sich parallel.

*Beweis:* Zum Beweis ist es vordringlich, den Begriff der Berührung klarzulegen. Wir fragen: Was heißt Berührung zweier Kreise? Ihre Definition durch die Existenz einer gemeinsamen Tangente im Schnittpunkte, führt zum Ziehen der letzteren als Hilfslinie. Dadurch aber wird der Satz des 4. Beispiels über die Gleichheit des Peripheriewinkels und des Sehnentangentenwinkels anwendbar. Somit in Fig. 5

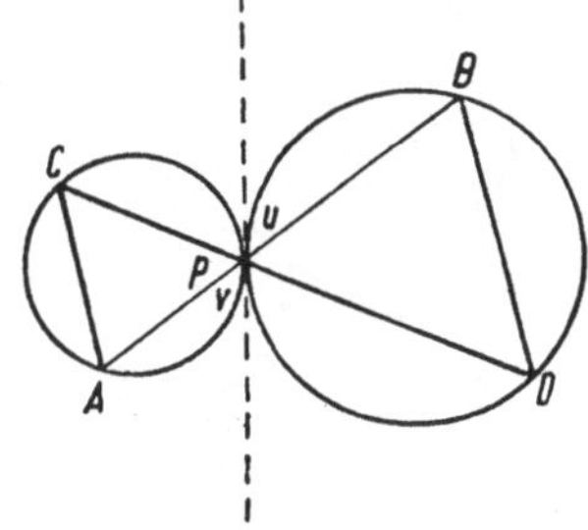

Fig. 5

$$\sphericalangle\, PDB = u; \qquad \sphericalangle\, ACP = v.$$

Da $u$ und $v$ Scheitelwinkel sind, so ist auch $\sphericalangle\, PDB = \sphericalangle\, ACP$; d. h. $AC$ und $BD$ sind parallel w. z. b. w.

### 6. Beispiel

*Aufgabe:* Gegeben in einem Kreise zwei beliebige Sehnen $AB$ und $CD$. Gesucht ein Punkt $Z$ der Peripherie, so daß die Schnittpunkte $X, Y$ der Sehne $AB$ mit den Verbindungslinien $ZC$ und $ZD$ zusammen mit $A$ und $B$ paarweise gleiche Strecken begrenzen.

*Überdenken der Aufgabe:* Unter Beziehung auf eine Figur wäre die Forderung des Problems weniger umständlich zu formulieren gewesen. Im Text fehlen eindeutige Angaben über Lage und Begrenzung der auftretenden Strecken. Unter den vier Punkten gibt es dafür prinzipiell folgende Möglichkeiten, so daß vier getrennt zu behandelnde Einzelprobleme entstehen:

*Fall 1:* $AY = BX$, wo $X$ und $Y$ gleichzeitig innerhalb, wie in Figur 6, oder außerhalb des Kreises liegen;

*Fall 2:* $AY = BX$, wo $X$ und $Y$ durch die Peripherie getrennt sind.

*Fall 3:* $XY = XB$ wie in Figur 6a (oder $YX = AY$), wobei $Y$ und $X$ auch außerhalb des Kreises liegen können (je eine Aufgabe für Endpunkt $A$ bzw. $B$);

*Fall 4:* $YB = BX$ (oder $YA = AX$), wo $X$ und $Y$ durch die Peripherie getrennt sind.

An Hand einer Figur überzeugt man sich leicht, daß $Z$ im Falle 1 und 3 nur realisierbar sein kann, wenn $C$ und $D$ auf dem gleichen Kreisbogen zu $AB$ liegen; im Falle 2 und 4 dagegen wenn das nicht so ist.

*Lösung:*

*Zu Fall 1:* Die Lösung hat prinzipiell auszugehen von der begrifflichen Erfassung der beiden Forderungen für das Gesuchte:

1. $Z$ liegt auf demselben Kreise wie $A, B, C, D$ (Fig. 6). Dem wird nach dem Satze vom Peripheriewinkel dadurch genügt, daß der ohnehin zu erörternde $\sphericalangle CZD = u = \sphericalangle CBD$, also bekannt ist. Gleichzeitig ist damit die angezeigte Realisierung eines ersten unbekannten Stückes erzielt.

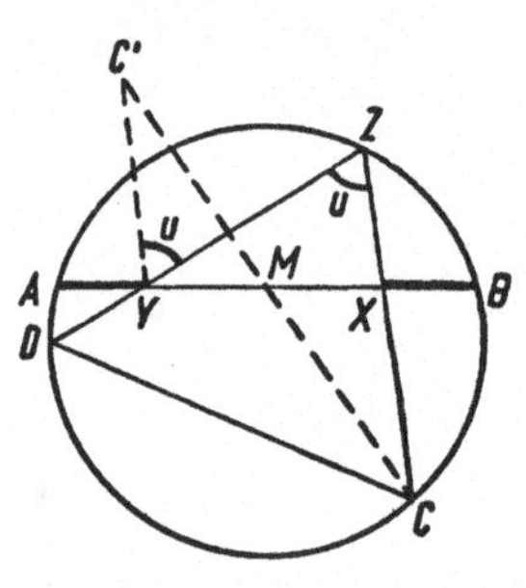

Fig. 6

2. Die Strecken $AY$ und $BX$ sollen gleich sein. Strecken heißen gleich, wenn sie zur Deckung gebracht werden können. Dies kann durch Drehung der Halbsehne $MB$ um das *bekannte* Drehzentrum $M$ um 180° erreicht werden, wobei $B$ auf $A$, $X$ auf $Y$ fällt. Um sicherzustellen, daß es sich bei dem hierbei auf $Y$ fallenden Punkt tatsächlich um den durch Drehung verlagerten Punkt $X$ handelt, müssen auch alle andern Konstruktionslinien wie z. B. $CZ$, welche die Lage von $X$ ja erst definiert hatten, ebenfalls an der Drehung teilnehmen. $C$ geht dabei in den symmetrisch zur $M$ gelegenen Spiegelpunkt $C'$ über: $MC' = MC$, $CX$ in $C'Y$, wobei $C'Y \,\|\, XZ$. Daher ist $\sphericalangle C'YZ = u$ und — um das *unbekannte* $Z$ durch ein *bekanntes* Element, $D$, abzulösen — $\sphericalangle C'YD = 180 - u$. $Y$ liegt also auf dem durch Analogie nahegelegten Kreis, der $\sphericalangle C'YD$ als Peripheriewinkel (bzw. als Nebenwinkel dazu!) über $C'D$ faßt, da wo er $AB$ schneidet. Zwei Lösungen für $Y$, gleichen Abschnitten inner- bzw. außerhalb (hier $Z$ unterhalb $AB$!) gelegen, entsprechend. Dem Drehvorgang völlig gleichwertig wäre gewesen, die begriffliche Erfassung der Halbierung von $XY$ durch $M$ über die Vervollständigung der Figur zu einem Parallelogramm $CXC'Y$, wozu jede halbierte Strecke in Erinnerung an die Diagonaleigenschaft eines Parallelogramms einlädt!

*Zu Fall 2:* $X$ liege, entgegen der Annahme in Fig. 6, rechts außerhalb, $C$ oberhalb $AB$. Mangels angebbaren Zentrums versagt hier eine Drehung zur

22

Herstellung einer Deckung. Dafür hilft jetzt eine Parallelverschiebung um die bekannte Strecke $AB$, die $B$ in $A$, $X$ in $Y$, $C$ *in* das angebbare $C'$ überführt und ein Parallelogramm $XCC'Y$ erzeugt. Mit $\sphericalangle DYC' = 180 - u$ ist die Konstruktion wie in 1. zu Ende zu führen. Je eine Lösung für $Y$ inner- und außerhalb des Kreises.

*Zu Fall 3:* Auch jetzt bleibt die Lage eines Drehzentrums ($X$) ungewiß, die Deckung durch Drehung unrealisierbar. Bemerkt man aber in Fig. 6a, daß das von $Z$ nach $Y, X, B$ verlaufende Strahlenbüschel auf jeder Parallelen zu $AB$ gleiche Strecken ausschneidet, so suchen wir jene davon heraus, wo der Mittelpunkt in einen *bekannten* Punkt, nämlich gerade in den Punkt $C$ fällt. Auf dieser parallelen Verschiebung von $AB$ durch $C$ ist dann, wie Fig. 6a zeigt, die Gleichheitsbedingung $Y'C = CB'$ durch Drehung zu realisieren. Bekannt sind: $B, D', (D'C = CD)$ und $\sphericalangle BB'D' = \sphericalangle DZB = \sphericalangle DAB$. Zwei Lösungen für $B'$ und damit für $Z, X$ und $Y$ liegen einmal beide innerhalb, einmal außerhalb des Kreises.

Gestützt auf die Analogie zum Proportionalsatz kann die Gleichheitsforderung für unbekannte Strecken $XY = XB$ auch in eine solche für *bekannte* Strecken $CB'' = CB$ nach Figur 6a abgeändert werden. Aus $B''$, $D$ und $\sphericalangle DYB'' = u$ folgt wieder $Y$.

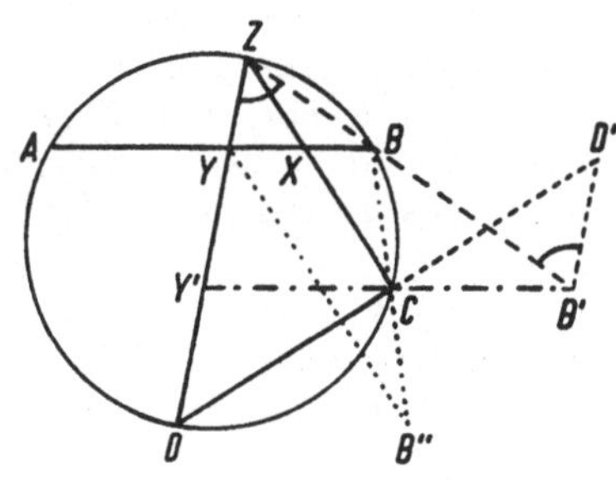

Fig. 6a

*Zu Fall 4:* Die Lösung ist dem Fall 3 entsprechend durchzuführen.

*Rückblick:* Grundsatz bei Konstruktionsaufgaben muß es demnach sein zu ihrer Lösung sofort von der Erfüllung der Forderungen auszugehen und dazu den Sinn jedes wesentlichen, wenn auch noch so selbstverständlich dünkenden Wortes, wie hier „gleich", begrifflich klar zu erfassen und in der Musterfigur zu realisieren. Dies geschieht durch Zurückführung der Begriffe auf geometrische Elemente und die sie verknüpfenden elementaren Operationen oder auch vermöge einer durch Analogieeigenschaften nahegelegten Konstruktion. Nicht übersehen werden darf, daß sobald als Ergebnis einer Operation mehrere Elemente in eines zusammenfallen, die Definition jedes einzelnen auch in dieser gemeinsamen Lage realisiert werden muß. Als methodisch wertvoll zeigte sich ferner die konstruktive Übertragung von Forderungen für unbekannte Elemente auf andere teilweise schon bekannte Elemente durch konkrete Auswertung einer bestehenden Analogie.

### 7. Beispiel

*Satz:* Die Schwerpunkte der gleichseitigen Dreiecke, welche über den Seiten eines beliebigen Dreiecks nach außen errichtet werden können, sind die Ecken eines gleichseitigen Dreiecks (Fig. 7).

*Überdenken des Satzes:* Wie mag man nur zur Entdeckung eines so einfachen Zusammenhangs, ausgerechnet für Schwerpunkte, gekommen sein? Heuristisch gesehen ist es möglich, daß er sich ganz von selbst ergibt, sobald man den Eigenschaften des Dreiecksgefüges (ohne Schwerpunkte!) nachforscht. Diese suchen wir daher planmäßig zu erkunden, was hier ohne prinzipielle Schwierigkeit ausführbar ist. Denn alle Strecken und Winkel sind als gegeben anzusehen — letztere sind ja in jedem Dreieck durch erstere in bekannter Weise festgelegt. Für sie sind zudem noch besonders einfache Bedingungen vorgeschrieben, so daß auch einfache Eigenschaften für spezielle, neu einzuführende Stücke erwartet werden dürfen.

*Erkundung der Figur:* Zunächst sind alle Stücke systematisch, nämlich wie sie sich um jede Ecke $A, B, C$ gruppieren, in einer Tabelle zusammen zu stellen und nach Beziehungen untereinander, über die unmittelbar gegebenen hinaus, zu prüfen. An der Ecke $C$ notieren wir:

1. $EC = AC;$  
2. $\sphericalangle ECA = 60°;$  
3. $\sphericalangle ECB = \gamma + 60;$  
4. $\sphericalangle ACB = \gamma = 180 - \alpha - \beta;$  
5. $DC = BC;$  
6. $\sphericalangle DCB = 60°;$  
7. $\sphericalangle DCA = \gamma + 60;$  
8. $\sphericalangle DCE = 240 - \gamma = \alpha + \beta + 60;$

*1. Lösung:* Als neue Beziehung (neben 8.) tritt auf: $\sphericalangle ECB = \sphericalangle DCA;$ auch ihre Schenkel stimmen nach 1. und 5. paarweise überein. Dazu kommen analoge Zusammenhänge an den Ecken $B$ und $A$, sonst nur noch aus der Figur ersichtliche Lageneigenschaften.

Der neue Zusammenhang stellt eine Analogie zum zweiten Kongruenzsatz dar; zu ihrer Vervollständigung sind die Hilfslinien $AD$ und $BE$ zu ziehen. Dreieck $ACD$ und $BCE$ können durch eine Drehung von $60°$ um $C$

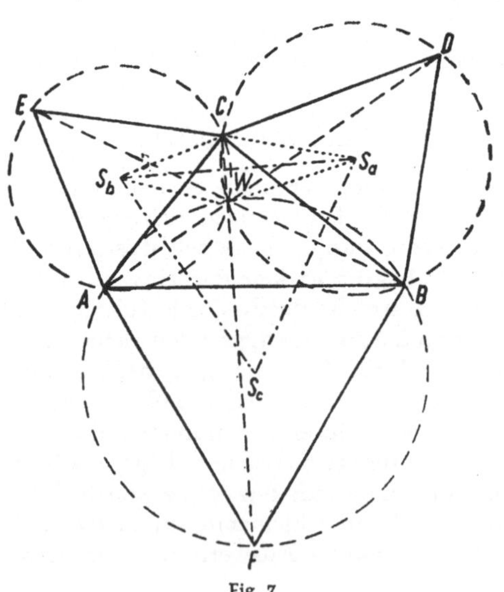


Fig. 7

zur Deckung gebracht werden. Die Hilfslinien haben die folgenden metrischen Eigenschaften:

a) $\sphericalangle AWE = 60°$;     c) $\sphericalangle AWB = 120°$;

b) $\sphericalangle BWD = 60°$;     d) $AD = BE$.

Für das neue Element $W$ lassen sich daraus und mit Hilfe der in der Figur sich aufdrängenden Analogie zum Satz vom Peripheriewinkel noch andere Lageneigenschaften angeben: $W$ liegt nach a) auf dem Kreisbogen über $AE$, nach b) auf demjenigen über $BD$ mit je einem Peripheriewinkel von $60°$, nach c) auf einem solchen mit einem Umfangswinkel von $120°$. Alle drei Bögen schneiden sich demnach in einem einzigen Punkt $W$ und sind leicht als Teile der den gleichseitigen Dreiecken umbeschriebenen Kreise zu erkennen. Diese realisieren wir in der Figur samt ihren Mittelpunkten, den Schwerpunkten $S_a$, $S_b$, $S_c$, der gleichseitigen Dreiecke. Die vorstehenden Betrachtungen der Beziehungen an der Ecke $C$ sind durch die ganz analogen an den Ecken $A$ und $B$ zu ergänzen.

*Gesamtergebnis:* Die Transversalen $AD, BE, CF$ sind gleich lang und schneiden sich in einem einzigen Punkt $W$, dem gemeinsamen Schnittpunkt der Umkreise der drei gleichseitigen Dreiecke, von dem aus auch die drei Seiten des Dreiecks $ABC$ unter Winkeln von je $120°$ erscheinen. Die drei Transversalen zerlegen den Vollwinkel um $W$ in 6 gleiche Teile von $60°$.

Die nun auch durch Kreise und ihre Mittelpunkte erweiterte Gesamtkonfiguration ist grundsätzlich genau so zu erkunden. Insbesondere veranlaßt die konkrete Erfassung der einfachsten Kreisdefinition zum Ziehen der vier Hilfslinien $S_aC = S_aW$, $S_bC = S_bW$, die die Seiten einer Drachenfigur bilden, deren Eigenschaften wiederum an den einzuzeichnenden Diagonalen zum Ausdruck kommen: $S_aS_b$ ist Mittelsenkrechte zu $WC$. Gleiches gilt auch für $S_aS_c$ und $S_bS_c$ in Bezug auf $WB$ bzw. $WA$. Da aber $WA$, $WB$, $WC$ gleiche Winkel miteinander bilden, so auch die Lote dazu. Dreieck $S_aS_bS_c$ ist gleichwinkelig, somit auch gleichseitig.

*Bemerkungen, Ausblick.* Da wir hiermit die gewünschte Eigenschaft aufgefunden haben, genüge die vorstehende Skizzierung des heuristischen Vorgehens, obwohl noch längst nicht alle neuen Stücke zur Auffindung von Beziehungen herangezogen worden sind. Übrigens dürften letztere auch keineswegs nur einfach und eindrucksvoll sein. Hätte es sich lediglich um den Beweis des Satzes gehandelt, so hätten wir sofort auf die geeignete Definition der fraglichen Schwerpunkte zurückgreifen müssen — hier als Mittelpunkte der Umkreise der gleichseitigen Dreiecke. Die Realisierung dieser Hilfskreise in der Figur hätte die Existenz ihres gemeinsamen Schnittpunktes erkennen und begründen lassen. Der Weg zum Endergebnis wäre dann, wie oben offen gewesen.

Entscheidend für den Beweis ist demnach, daß die drei Umkreise durch den gleichen Punkt $W$ hindurchgehen. *Ist letzteres nicht auch unter anderen, allgemeineren Voraussetzungen möglich?* Die drei äußeren Dreiecke braudazu keineswegs gleichseitig zu sein; es genügt offenbar, daß die Winkel $\delta$, $\varepsilon$, $\varphi$ an den Ecken $D$, $E$, $F$ zusammen 180° betragen, bei sonst beliebiger Gestalt der Dreiecke. Die Mittelpunkte ihrer Umkreise bilden dann ein Dreieck mit den Winkeln $\delta$, $\varepsilon$, $\varphi$. Die Eigenschaften der Transversalen gehen dann aber im allgemeinen ganz verloren. Letztere schneiden sich auch jetzt wieder in dem Punkt $W$ bei der weiteren Bedingung, daß jedes der drei Dreiecke für sich alle Winkel $\delta$, $\varepsilon$, $\varphi$ und gleichen Umlaufsinn besitzt, wie leicht ersichtlich. Die drei Dreiecke sind nun unter sich und zu demjenigen der Mittelpunkte ihrer Umkreise ähnlich. Die Transversalen aber schließen jetzt der Reihe nach die Winkel $\delta$, $\varepsilon$, $\varphi$ ein, ihre Längen verhalten sich wie die Seiten der ähnlichen Dreiecke.

Noch ein anderer heuristischer Gedankengang wird durch Fig. 7 nahegelegt. *Sollten sich die Transversalen $AD$, $BE$, $CF$ nicht auch dann in einem Punkte treffen, wenn die gleichseitigen Dreiecke durch gleichschenkelige, unter sich ähnliche Dreiecke mit den Seiten $AB$, $BC$, $CA$ als Basis ersetzt werden?* *) Fallen nämlich ihre Spitzen in die Mitten der Seiten, so kreuzen sich die Transversalen im Schwerpunkt, wenn ins Unendliche, so im Höhenschnittpunkt. Die Richtigkeit der Vermutung in drei Sonderfällen, ist allgemein etwa mit Hilfe des Satzes des Ceva zu erhärten.

*2. Lösung:* Nach Beziehung 8. der Tabelle: $\sphericalangle DCE = \alpha + \beta + 60$, setzt sich der Außenwinkel bei $C$ additiv aus drei gegebenen Winkeln der Figur zusammen. Es ist prinzipiell wichtig, eine solche Eigenschaft auch konkret in der Figur zu realisieren, indem man die drei Winkel nebeneinander in den Außenwinkel hineinsteckt. Konkret muß aber auch aus der Figur hervorgehen, daß die Winkel in der neuen Lage wirklich die gegebenen Winkel $\alpha$, $\beta$, 60° sind. Daher benützen wir bei der Realisierung die Dreiecke $ABC$, $ABF$, usf. selbst, deren Gestalt ja die Winkel $\alpha$, $\beta$, $\gamma$, 60° definiert. Durch Parallelverschiebung (wobei $A$ längs $AC$ nach $C$ gleitet) und anschließende Drehung (Drehpunkt $C$) kann Dreieck $ABC$ (da $AC = CC_2$) in die Lage $CC_2B_2$ gebracht werden (Fig. 8). $\sphericalangle C_2CB_2 = \alpha$. ($C_2$ und $C_1$ entsprechen $E$ bzw. $D$ in Fig. 7). Analog entsteht Dreieck $CC_1A_1$ (Schubstrecke $BC$, Drehpunkt $C$), da $CC_1 = BC$. $\sphericalangle C_1CA_1 = \beta$. In die Lücke fügt sich das gleichseitige Dreieck $CA_1B_2$. ($CB_2 = CA_1 = AB$). Zeichnet man noch die gleichseitigen Dreiecke über $B_2C_2$ und $A_1C_1$, so ist die Ausgangsfigur mit Kerndreieck $ABC$ (Lage 1) noch zweimal in anderer Lage erzeugt

---

*) Dazu ist nur nötig, daß in den aufgesetzten, sonst ganz beliebigen Dreiecken $\sphericalangle BAF = \sphericalangle CAE$; $\sphericalangle ACE = \sphericalangle BCD$; $\sphericalangle CBD = \sphericalangle ABF$, wie sich in noch weitergehender Verallgemeinerung des vorher dargelegten Erweiterungsfalles zeigen läßt.

worden, nämlich mit Kerndreieck $B_2C_2C$ (Lage 2) bzw. $A_1C_1C$ (Lage 3). Dreieck $A_1B_2C$ ist den Lagen 2 und 3 gemeinsam. Die vorgenommenen Verlegungen des Dreiecks $ABC$ erweisen sich zugleich auch für seine Seiten als zweckmäßig. Auf welche Weise auch immer eine Verlegung sonst noch durchgeführt werden mag, Leitmotiv muß sein: die Erzeugung eines möglichst einfachen neuen Gebildes bei möglichst zahlreichen Verknüpfungen mit der Ausgangsfigur. Die sinngemäße Fortsetzung des Prozesses an den neuen Ecken $C_1$, $C_2$, $A$, $B$, $A_1$, $B_2$ usf. ergibt ein unbegrenztes, lückenloses Netz von Dreiecken, in welchem um jedes gleichseitige Dreieck herum dreimal das Kerndreieck im gleichen Orientierungssinn liegt; eine Anordnung, wie sie auch beim Drehen jeden gleichseitigen Drei-

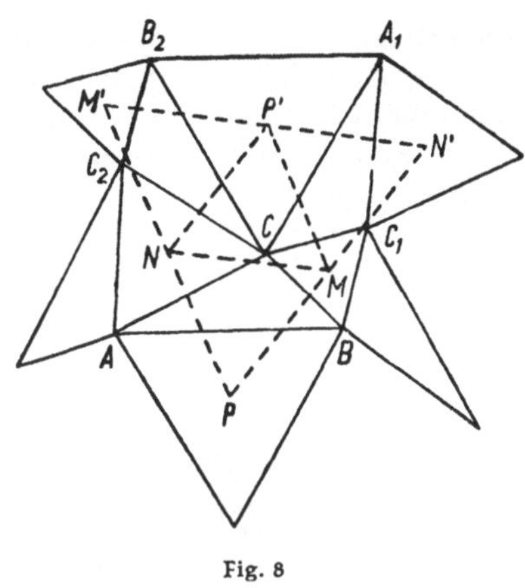



Fig. 8

echs um seinen Schwerpunkt um je 120° erzeugt werden könnte. Eine solche Drehung allein ersetzt die ursprünglichen Schiebungen verbunden mit anderen Drehungen. Eine Drehung von 120° der Figur in Lage 1 um Schwerpunkt $N$ links herum bringt sie in Lage 2; um Schwerpunkt $M$ rechts herum in Lage 3. Schwerpunkt $P$ wandert hierbei jedesmal nach $P'$. Viereck $PNP'M$ ist eine Raute mit Winkeln von 120° bei $N$ und $M$. Dreieck $NMP$ ist also gleichseitig. W. z. b. w.

*Rückblick:* Man mag einen Außenwinkel wie $\sphericalangle DCE$, weil er ja stets leicht ermittelt werden kann, als nebensächlich empfinden und deshalb unbeachtet lassen. Zu Unrecht: Jede Erkenntnis ist wertvoll, wie sich gezeigt hat. Zur Erkundung der Eigenschaften sind daher in erster Linie alle erdenklichen metrischen Fundamentalgrößen des Winkels, der Strecke, der Fläche und ihre Daten zu erfassen und nach Beziehungen untereinander zu sichten; was auch möglich ist, wenn, wie bei diesem Beispiel, alle Elemente der Figur als gegeben angesehen werden können. Die Ergebnisse sind dann, gestützt auf die ebenso wichtigen Lagenverhältnisse in der Figur mit Hilfe von Analogien, den Eigenschaften von Elementen, einzuführender Hilfselemente und -gebilde auszuwerten.

Heuristisch wertvoll ist auch das nachträgliche Überdenken eines Lösungsprozesses im Hinblick auf die Notwendigkeit gegebener Voraussetzungen für das Zustandekommen besonderer und entscheidender Zusammenhänge. Die Überprüfung kann zu Erkenntnissen weit allgemeinerer Art führen.

### 8. Beispiel

*Satz des Ptolemäus:* In jedem Sehnenviereck ist das Produkt der beiden Diagonalen gleich der Summe der beiden Produkte aus je zwei Gegenseiten.

*Überdenken des Satzes:* Jedes Sehnenviereck ist durch seine vier Seiten bestimmt, da das für jedes Viereck erforderliche fünfte Stück in der definitionsgemäß erfüllten Bedingung: Summe zweier Gegenwinkel $= 180°$ zu erblicken ist. Jede Diagonale für sich allein ist somit durch die vier Seiten festgelegt und es muß daher mindestens zwei Zusammenhänge geben. Ferner ist überhaupt durch vier der sechs genannten Strecken jede fünfte festgelegt. Der Satz des *Ptolemäus* kann also nur einen Ausschnitt aus einer Menge von funktionalen Abhängigkeiten bedeuten, die für jedes Kreisviereck bestehen.

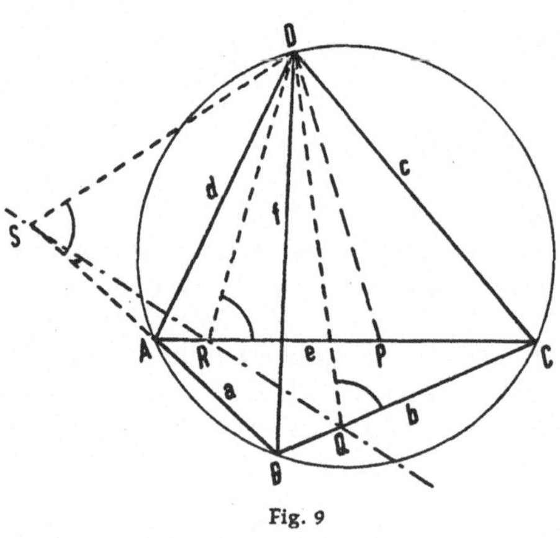

Fig. 9

*1. Beweis:* Wir ermitteln die Winkelbeziehungen in Figur 9 mit Hilfe des Satzes vom Peripheriewinkel und stellen Gleichheit der Winkel in den Dreiecken *CBD* bei *B* und *CAD* bei *A* fest. Gleichheit von Winkeln läßt an ähnliche Dreiecke denken (gleiche Strecken sind ja nicht da), die aber nicht vorliegen. *Was nicht ist, stellen wir uns eben her.* Wir tragen den Winkel *BDC* bei *D* an *AD* an und ziehen demgemäß die Hilfslinie *DP* (was auf eine Vertauschung der Winkelteile bei *D* hinauskommt). Dadurch entstehen in der Figur ähnliche Dreiecke gleich in doppelter Weise, wodurch *DP* als sachgerechte Hilfslinie gekennzeichnet ist:

$$\triangle BCD \sim \triangle APD; \qquad \triangle ABD \sim \triangle CPD.$$

Es gelten die Proportionen:

1. $AP : AD = BC : BD$      oder      $AP \cdot f = b \cdot d$,
2. $CP : CD = AB : BD$      oder      $CP \cdot f = a \cdot c$.

Da $AP + CP = AC = e$, so entsteht durch Addition der beiden Gleichungen $e \cdot f = ac + bd$ w.z.b.w.

*Nachtrag:* Ähnliche Dreiecke können in der Figur aber auch noch in anderer Weise konstruiert werden, indem wir durch *D* gleich drei Hilfslinien ziehen, welche den gleichen nach derselben Richtung sich öffnenden Winkel $\omega$ mit den *drei* Seiten des Dreiecks *ABC* bilden. (Vollständigkeitsprinzip!)

28

Dann ist $\triangle BSD \sim \triangle CRD$;   $\triangle BQD \sim \triangle ARD$;   $\triangle SQD \sim \triangle ASD$,

und folglich $\dfrac{BS}{CR} = \dfrac{DS}{DR}$;   $\dfrac{AR}{BQ} = \dfrac{DR}{DQ}$;   $\dfrac{CQ}{AS} = \dfrac{DQ}{DS}$.

Multiplikation liefert:

$$\frac{BS}{CR} \cdot \frac{AR}{BQ} \cdot \frac{CQ}{AS} = \frac{BS}{AS} \cdot \frac{AR}{CR} \cdot \frac{CQ}{BQ} = 1,$$

das Kennzeichen des *Menelaos* dafür, daß $Q, R, S$ auf einer Geraden liegen, die zur *Simson*schen Geraden wird, wenn $\omega = 90°$.

*Ergebnis:* Zieht man von einem Punkte des Umkreises eines Dreiecks drei Geraden, welche mit den Dreieckseiten gleiche, nach derselben Richtung sich öffnende Winkel bilden, so liegen die Endpunkte dieser Linien immer auf einer Geraden.

2. *Beweis:* Das bisherige Verfahren ließ nur einen der Zusammenhänge der sechs Strecken der Figur 9 erkennen. Wir müssen zu ihrer völligen Ermittlung eine weiterreichende Analogie zu Hilfe nehmen, die die Eigenschaften der Figur grundsätzlicher erfaßt und fragen: „Kennen wir nicht schon Streckenbeziehungen in Teilen der Figur?" Jawohl: Vermöge des Kosinussatzes. Statt einer Hilfslinie erscheint jetzt ein Hilfswinkel in den Überlegungen, der sich aber eliminieren läßt, da er immer doppelt, bzw. supplementär auftritt. In den Dreiecken $ABD$ und $BCD$ sind die Winkel bei $A$ und $C$ supplementär; es gilt somit:

$$f^2 = a^2 + d^2 - 2a\,d\cos\alpha,$$
$$f^2 = b^2 + c^2 + 2b\,c\cos\alpha.$$

Multipliziert man die 1. Gleichung mit $b\,c$, die zweite mit $a\,d$ und addiert, so fällt $\cos\alpha$ heraus. Es bleibt nach einfacher Umformung eine Bestimmungsgleichung für $f^2$:

$$(ad + bc) \cdot f^2 = (ab + cd)(ac + bd).$$

Durch zyklische Vertauschung von $a$, $b$, $c$, $d$, wobei $f$ zu $e$ wird, folgt eine weitere für $e^2$:

$$(ab + cd) \cdot e^2 = (ad + bc)(ac + bd).$$

In beiden Gleichungen treten dieselben drei Klammerausdrücke auf. Sowohl bei gleichzeitiger Multiplikation, als auch Division an beiden Seiten, läßt sich daher durch Kürzung und Wurzelziehen eine Vereinfachung erreichen.

Im ersten Falle:   $ef = ac + bd.$   w.z.b.w.

Im zweiten Falle:   $e(ab + cd) = f(ad + bc),$

in welch letzterer Beziehung die noch ausstehende Ergänzung des Satzes des *Ptolemäus* vorliegt.

Die Anwendung des *Kosinussatzes* auf die Dreiecke *ABC* und *ABD* mit gleichen Winkeln bei *C* und *D* liefert in ganz analoger Weise eine Bestimmungsgleichung für $a^2$ :

$$a^2\,(be - df) = (bd - ef)\,(ed - bf)\,,$$

aus der durch zyklische Vertauschung drei weitere für $b^2, c^2, d^2$ folgen. Damit sind alle Zusammenhänge der Figur zwischen den sechs Stücken aufgedeckt, unter welchen der Satz des *Ptolemäus* sich durch besondere Einfachheit auszeichnet.

*Rückblick:* Als grundsätzlich bedeutsam offenbarte sich die Möglichkeit der Einführung auch ungewöhnlicher Hilfslinien um eine erkannte unbrauchbare weil unvollkommene Analogie zwischen Figurenteilen in eine vollkommene umzugestalten, sowie die Erkenntnis, daß nicht jede unter mehreren bestehenden Analogien einen bestimmten oder alle Zusammenhänge einer Figur aufzufinden gestattet.

### 9. Beispiel

*Aufgabe:* Einem gegebenen Dreieck *ABC* ein anderes gegebenes Dreieck *PQR* einzubeschreiben (Fig. 10).

*Lösung:* Besonderheiten in Strecken und Winkeln liegen nicht vor, so daß als Eigenschaften der Figur nur zu notieren sind:

Die Endpunkte der bekannten Strecken *PQ, QR, RP* liegen auf den Schenkeln der gegebenen Winkel $\gamma$ bzw. $\alpha$ und $\beta$, Beziehungen, die wieder durch ihre Analogie zum Satz vom Peripheriewinkel funktional zu erfassen sind. Wir beschreiben daher um Dreieck *PQC* einen Kreis als Hilfsgebilde und machen die bemerkenswerte Feststellung, daß sein Radius $\varrho$ aus *PQ* und $\gamma$ konstruierbar, also als gegebene Größe und damit auch als neues förderliches Stück anzusehen ist. Um dem Prinzip von der Vollständigkeit der Hilfslinien Genüge zu leisten, zeichnen wir naturgemäß auch die Umkreise der Dreiecke *AQR* und *BPR*.

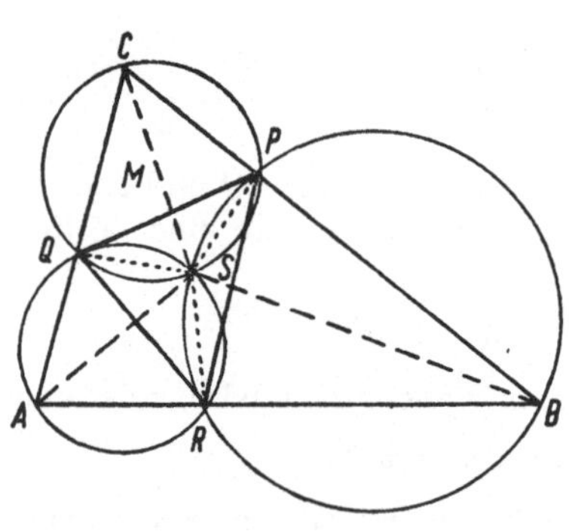

Fig. 10

Es ist von außerordentlichem heuristischem Wert solche Überlegungen nicht nur in einer flüchtigen Handzeichnung und bruchstückweise zu skizzieren, sondern sie grundsätzlich durch sorgfältige Konstruktion in einer exakten, allgemein gehaltenen Musterfigur zu realisieren. Bei vielen sonstigen Vorzügen lenkt ein solches Verfahren die Aufmerksamkeit gerade auf funktionale Zusammenhänge in einer Figur. Selbstverständlich bedürfen die so gewonnenen Erkenntnisse der Erhärtung durch einen Beweis.

In unserm Fall zeigt sich überraschend, daß offensichtlich alle drei Hilfskreise immer durch einen gemeinsamen Punkt $S$ gehen werden. In der Tat ist im Sehnenviereck $CQSP$ der $\sphericalangle QSP = 180 - \gamma$, analog auch $\sphericalangle QSR = 180 - \alpha$; $\sphericalangle RSP = 180 - \beta$ und ihre Summe

$$\sphericalangle QSP + \sphericalangle QSR + \sphericalangle RSP = 540 - (\alpha + \beta + \gamma) = 360°,$$

wie es sein muß.

$S$ ist somit als Schnitt von Kreisbögen über den Seiten mit bekannten Peripheriewinkeln in bezug auf Dreieck $PQR$ realisierbar. Sollte $S$ nicht entsprechend auch relativ zum Dreieck $ABC$ festgelegt sein? Wir ziehen daher als Hilfsmittel zur Festlegung der Lage von $S$ relativ zu Dreieck $ABC$ die Linien $SA, SB, SC$ und erforschen systematisch alle Winkeleigenschaften der erweiterten Figur:

Jede Hilfslinie nach $S$ zerlegt den zugehörigen Dreieckswinkel in zwei Teile. Schaut man von einer Ecke aus in das jeweilige Dreieck hinein, so soll der rechte Winkelteil den Index 1, der linke den Index 2 tragen. Die Winkel des Dreiecks $PQR$ seien der Reihe nach $u, v, w$ (in Figur 10 ist vom Eintrag all dieser Bezeichnungen abgesehen worden). Nach dem Satz vom Peripheriewinkel über gleichen Bögen ist:

$$\sphericalangle QPS = u_1 = \gamma_1; \qquad \sphericalangle SPR = u_2 = \beta_2; \qquad \alpha_1 + \alpha_2 = \alpha;$$
$$v_1 = \alpha_1; \qquad\qquad v_2 = \gamma_2; \qquad \beta_1 + \beta_2 = \beta;$$
$$w_1 = \beta_1; \qquad\qquad w_2 = \alpha_2; \qquad \gamma_1 + \gamma_2 = \gamma;$$
$$\sphericalangle CSA = 180 - \gamma_1 - \alpha_2 = 180 - \gamma + \gamma_2 - \alpha + \alpha_1$$
$$= 180 - \gamma - \alpha + \alpha_1 + \gamma_2 = \beta + v,$$

da $\alpha_1 + \gamma_2 = v_1 + v_2 = v$. Wir haben somit:

$$\sphericalangle CSA = \beta + v; \quad \text{und durch zyklische Vertauschung:}$$
$$\sphericalangle CSB = \alpha + u; \qquad \sphericalangle ASB = \gamma + w.$$

Punkt $S$ liegt also im Schnitt der Kreisbögen über $AB$ und $BC$ mit dem Winkel $\gamma + w$ bzw. $\alpha + u$ als Peripheriewinkel. $S$ ist also tatsächlich und eindeutig auch relativ zu Dreieck $ABC$ bestimmbar.

Der Mittelpunkt $M$ des Umkreises von Dreieck $PQC$ liegt im Schnittpunkt der beiden Kreise um $C$ und $S$ mit Radius $\varrho$. Es gibt zwei Punkte $M_1$ und $M_2$ im allgemeinen, damit also zwei Umkreise, zwei mögliche Lagen von $PQ$ und demnach auch für das Dreieck.

*Rückblick:*

A. Zwei Lösungen gibt es, wenn in der Aufgabe vorgeschrieben ist, auf welcher Seite des Dreiecks $ABC$ jede der Ecken des Dreiecks $PQR$ zu liegen hat. Ist dies aber ganz offen gelassen, soll also das Dreieck $PQR$ nur irgendwie eingepaßt werden, so gibt es entsprechend den 6 verschiedenen Zuordnungen von Punkten und Seiten auch 12 Einbeschreibungsmöglichkeiten eines Dreiecks in ein anderes, und zwar je 6 mit vorgeschriebenem Umlaufsinn (links oder rechts herum).

B. Alle zueinander ähnlichen Dreiecke $PQR$ ergeben den gleichen Punkt $S$, da dieser durch die Winkel von Dreieck $PQR$ neben denen des Dreiecks $ABC$ eindeutig bestimmt ist.

Die Überraschung, die dieses bemerkenswerte Ergebnis auslöst, wie auch die ihm noch anhaftende Unklarheit in der Lage von $S$ gegenüber jedem der ähnlichen Dreiecke $PQR$ fordert zu weiterem, eingehenderem Studium der Figur 10 auf. Beide Momente erweisen sich heuristisch stets als außerordentlich förderlich. Es ist nun leicht einzusehen, daß auch die Teildreiecke $PQS$, $PRS$, $QRS$ bei fester Ecke $S$ zu sich selbst ähnlich bleiben, wenn es die ganzen Dreiecke $PQR$ tun. Sobald also z. B. $Q$ auf $AC$ gleitet, beschreibt auch $P$ die Gerade $BC$, vorausgesetzt, daß eben Dreieck $PQS$ zu sich ähnlich bleibt; eine neue, überraschende Erkenntnis, deren angezeigte Weiterverfolgung dem späteren Beispiel 18 vorbehalten bleiben muß. Die Beachtung der genannten allgemeinen Beweggründe führt hier somit zwangsläufig zur Entdeckung des so reizvollen Kapitels der Drehstreckung und einer weiteren Lösung des gegenwärtigen Problems.

C. Keine Lösung gibt es, wenn sich die Kreise um $C$ und $S$ mit Radius $\varrho$ nicht schneiden. Die Grenze der Lösbarkeit ist somit gekennzeichnet, wenn sie sich gerade berühren, also die Strecken $CS$, $AS$, $BS$ Durchmesser der 3 Hilfskreise sind. Diese schneiden die Seiten des Dreiecks $ABC$ in den Ecken $PQR$ des einbeschriebenen Dreiecks kleinsten Maßstabes unter allen durch den jeweiligen Punkt $S$ der Gestalt nach bestimmten Dreiecken. Bei den erwähnten 6 Möglichkeiten für die zugehörige Lage von $S$ zeichnet sich unter den 6 zugeordneten kleinsten Dreiecken wieder eines als dasjenige allerkleinsten Maßstabes aus. Für noch kleinere solcher ähnlichen Dreiecke gibt es gar keine Einpassungsmöglichkeiten mehr, während für die kleinsten Dreiecke unter der jeweils zugrunde gelegten Lagevorschrift nur je eine einzige vorhanden ist. Eine Beschränkung für die Lage von $S$ in der ganzen Ebene besteht nicht, sofern nur für die Lage der Ecken $P, Q, R$ auch die Verlängerungen der Seiten des Dreiecks $A, B, C$ zugelassen werden. Unter dieser formalen Erweiterung des Begriffes „einbeschreiben" gibt es auch keine obere Grenze für die Größe des Maßstabes des „einzubeschreibenden" Dreiecks.

D. Wenn sich auch bei der vorstehenden Konstruktionsaufgabe die konkrete, konstruktive Durchführung der Überlegungen in einer prinzipiell forderungsverträglichen Musterfigur als heuristisch wertvoll erwiesen hat, so ist doch die glückliche Lösung in erster Linie durch die Frage eingeleitet worden: *„Lassen sich nicht aus bekannten Stücken irgendwelche neuen Elemente und Hilfsgebilde vermöge von Analogien zu den Eigenschaften der Musterfigur realisieren?"* Wie sehr sich der Gedanke grundsätzlich bewährt, lehrt in sehr überzeugender Weise auch das folgende

## 10. Beispiel

*Aufgabe:* Um die Entfernung $x$ zweier Punkte $B$ und $C$, die nicht direkt meßbar sind, zu finden, werden auf den Verlängerungen ihrer Verbindungslinie beiderseits von $B$ und $C$ die Strecken $AB = a$ und $CD = b$ abgesteckt und von einem weiteren Punkte $P$ seitlich der Geraden $AD$ aus $\sphericalangle APB = u_1$, $\sphericalangle BPC = u_2$ und $\sphericalangle CPD = u_3$ gemessen. Konstruiere $x$ in gegebenem Maßstab und berechne es!

Die Aufgabe ist bestimmt. Denn die 7 Bestimmungsstücke $AB = a$; $CD = b$; $u_1$, $u_2$, $u_3$, $\sphericalangle ABC = 180°$, $\sphericalangle BCD = 180°$ sind für die Festlegung der Punkte $A$, $B$, $C$, $D$ und $P$ notwendig und hinreichend (Fig. 11).

*1. Lösung* (geometrisch):

Möglich ist die Realisation der Umkreise um $\triangle ABP$ und $\triangle CDP$, so daß $M_1 F$, $M_2 G$, $r_1$ und $r_2$ bekannt sind. Nach dem Satz vom Peripheriewinkel ist $\sphericalangle AM_1 F = u_1$; $\sphericalangle M_1 AF = 90 - u_1$; $\sphericalangle M_1 PA = \sphericalangle M_1 AP = 90 - u_1 - \alpha$; und analog $\sphericalangle M_2 PD = 90 - u_3 - \delta$ ($\delta$ bei $D$).

Somit:
$$\sphericalangle M_1 PM_2 = 90 - u_1 - \alpha + u_1 + u_2 + u_3 + 90 - u_2 - \delta$$
$$= 180 - \alpha - \delta + u_2 = u_1 + 2u_2 + u_3.$$

Dreieck $M_1 M_2 P$ und damit $M_1 M_2$ sind konstruierbar. Nach Parallelverschiebung von $M_1 M_2$ bis $M_1$ auf $F$ fällt, läßt sich $FG$ und daraus $x$ ermitteln.

*2. Lösung* (trigonometrisch):

Wie stets bei trigonometrischen Dreiecksaufgaben kann man versuchen in Fig. 11 mit dem Sinus- und Kosinussatz an das Problem heranzugehen. Zu diesem Zwecke wäre ein Hilfswinkel, etwa $\alpha$, einzuführen und alle übrigen Winkel bei $B$, $C$, $D$ durch ihn auszudrükken. In den aufzustellenden Gleichungen würden neben $\alpha$ noch $PA$, $PB$, $PC$, $PD$ erscheinen, die sämtlich wieder zu eliminieren wären. Das Verfahren ist ersichtlich lang-

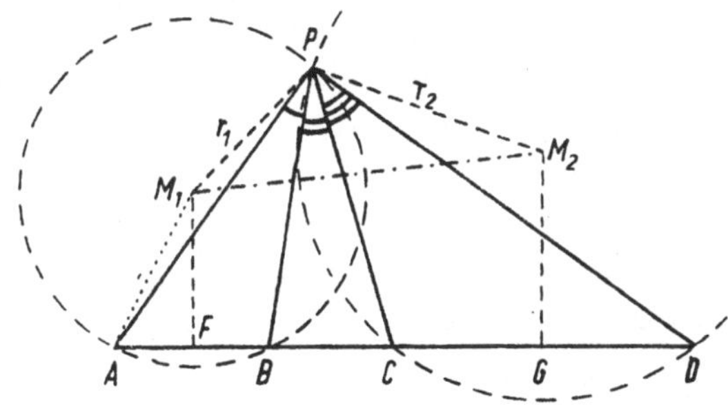

Fig. 11

wierig und es ist schwer zu sagen, ob und mit welchem Aufwand an Rechnung man durchkommen wird. Dies ist ein sicheres Kennzeichen dafür, daß die angewandten trigonometrischen Hilfsmittel in ihrer erstarrten Form zu schwerfällig sind und daß man somit nach andern Wegen suchen muß.

Wir besinnen uns daher auf das *grundsätzliche Ziel* der Aufgabe, eine Beziehung zwischen Strecken und Winkeln durch trigonometrische Funktionen herzustellen. Dazu ist aber die Definition der letztern heranzuziehen. Sie gründet sich auf rechtwinklige Dreiecke. Diese ihrerseits müssen sich hier den Strecken $a, b, x$ anpassen, um eine Koppelung dieser Größen mit den Winkeln $u_1, u_2, u_3$ bewirken zu können. Aus solchen Erwägungen ziehen wir als Hilfslinien die vier Lote von $B$ und demgemäß auch $C$ auf die Strecken $AP$ und $DP$. Die Verhältnisse zweier paralleler Lote stimmen überein mit solchen von Strecken auf $AD$, lassen sich aber auch durch $BP$, $CP$ und Sinusfunktionen aus den Winkeln $u_1, u_2, u_3$ ausdrücken. So entstehen zwei Gleichungen, aus denen durch Elimination von $PB:PC$ die gewünschte Bestimmungsgleichung für $x$ hervorgeht.

Wir begnügen uns mit dieser Skizzierung des Gedankenganges. Hilfslinien werden aber überflüssig, wenn wir Anregungen durch das Stichwort: „Flächenbeziehungen" stattgeben. Die Fläche eines Dreiecks ist gleich dem halben Produkt zweier Seiten und dem Sinus des Zwischenwinkels. Nach

Kürzung eines Faktors $\dfrac{AP}{2}$ folgt $\quad \dfrac{F(ACP)}{F(ABP)} = \dfrac{a+x}{a} = \dfrac{CP \sin (u_1+u_2)}{BP \sin u_1}$

und ähnlich $\quad \dfrac{F(BDP)}{F(CDP)} = \dfrac{b+x}{b} = \dfrac{BP \sin (u_2+u_3)}{CP \sin u_3}$

Multiplikation beseitigt $PB$ und $PC$ und es bleibt

$$\frac{(a+x)(b+x)}{ab} = \frac{\sin (u_1 + u_2) \sin (u_2 + u_3)}{\sin u_1 \cdot \sin u_3},$$

womit die Aufgabe prinzipiell gelöst ist. $x$ ist die positive Wurzel. — Wer nicht sofort auf die genannten Dreiecke aufmerksam wird, untersuche zunächst alle möglichen Flächenkombinationen der Figur 11!

*3. Lösung:* Die kürzeste und darum auch als elegant anzusprechende Lösung des Problems findet man bei Betrachtung der Figur 11, sobald man sich die Frage stellt: „Ist uns nicht irgendwo eine ähnliche Figur begegnet, mit einer Beziehung zwischen gegebenen Strahlen einerseits und Strecken einer Schnittlinie andererseits?" Die Umschreibung des Ausdrucks „vier Gerade" durch „Strahlenbüschel" mag noch lebhafter die Erinnerung an eine Analogie aus der synthetischen Geometrie und die Übereinstimmung des Doppelverhältnisses (D.V.) von Strahlenbüschel und Punktreihe wachrufen. Nehmen wir die funktional gleichberechtigten Punkte $B$ und $C$ als Grundpunkte, und bilden wir das D.V. $(BCDA)$ für die 4 Punkte und auch für die 4 Strahlen, so führt der Ausdruck

$$\text{D.V.} = \frac{b+x}{b} : \frac{a}{a+x} = \frac{\sin\,(u_2+u_3)}{\sin u_3} : \frac{\sin u_1}{\sin\,(u_1+u_2)}$$

sofort zu dem oben angegebenen Resultat. — Elegante Lösungen sind immer sofort erkannten vollständigen Analogien zu verdanken.

**11. Beispiel** (Auswertung einer formalen Analogie)

*Aufgabe:* Konstruiere ein rechtwinkliges Dreieck aus der Kathete $a$ und dem nicht zugehörigen Hypotenusenabschnitt $q$.

Unter allen Konstruktionsaufgaben für das rechtwinklige Dreieck aus zweien der Stücke $a$, $b$, $c$, $p$, $q$, $h$ erweist sich die vorliegende als die einzige, die keiner unmittelbaren Lösung zugänglich ist. (Vgl. auch 44.)

*Lösung:* Wir schreiben die das Gegebene enthaltenden fundamentalen Beziehungen des Kathetensatzes $a^2 = pc$, $p = c - q$ in die Figur hinein. Geometrisch ist mit ihnen unmittelbar nichts anzufangen. Wir fragen daher: „Kennen wir nicht ähnliche Beziehungen?" Wir denken an den Höhensatz, der formal gleichlautend ist. Er erweist sich aber nicht als vollkommene, formale Analogie, da er das bekannte Stück $q = c - p$ nicht zu verwerten gestattet, weil $c$ und $p$ nebeneinander liegen müßten. Dagegen ist dies beim Tangentensatz möglich. Wir deuten demnach $a$ als Tangente $t$ an einen Kreis, bei dem $c$ Sekante, $p$ deren äußerer Abschnitt ist. Der Kreis unterliegt im übrigen keinen anderen Vorschriften, wie $q$ als Sehne enthalten zu

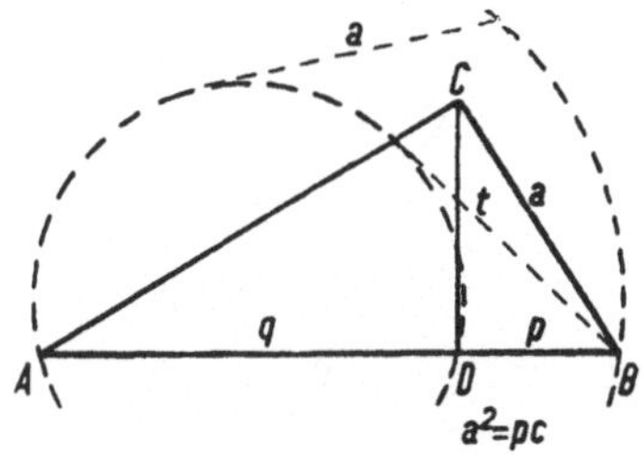


Fig. 12

müssen. Die Tangente $t$ von $B$ an ihn ist immer gleich der Kathete $a$. Gleitet nun eine beliebige Tangente der Länge $a$ den Kreis entlang, so beschreibt ihr Endpunkt wieder einen konzentrischen Kreis. Mit Hilfe dieser Bemerkung ergibt sich die aus Figur 12 ersichtliche Konstruktion des Punktes $B$, sobald man an einen beliebigen Kreis über $AD = q$ als Sehne eine beliebige Tangente der Länge $a$ gezogen hat. $C$ ist dann leicht zu finden.

**12. Beispiel**

(Auswertung einer Analogie zu Eigenschaften eines Teils der Konfiguration für die Lösung des Problems selbst.)

*Aufgabe:* Ein Dreieck zu konstruieren, auf dessen Seiten gleichseitige Dreiecke aufgesetzt sind. Die freien Ecken der letzteren sollen dabei in die vorgegebenen Punkte *D, E, F* fallen.

*1. Lösung:* Die Musterfigur ist die Figur 7 zum 7. Beispiel. Während aber dort die Punkte *D, E, F* Ergebnis einer Konstruktion sind, ist ihre Lage jetzt vorgegeben; dafür aber sind nun die Ecken des Dreiecks *ABC* gesucht. Dazu sind zunächst die Eigenschaften der Musterfigur zu ermitteln, was bereits in Beispiel 7, wenn auch nicht vollständig geschehen ist, da sonst das neue Problem ohne neue Überlegungen lösbar sein müßte.

Wir haben als auffällige Tatsache erkannt, daß die drei Ecktransversalen *AD, BE, CF* sich in einem Punkte *W* schneiden, von dem aus die drei Seiten *AB, BC, CA* des Dreiecks *ABC* unter einem Winkel von 120° erscheinen. Was ist nun realisierbar? Wir bemerken, daß *W* die gleiche Eigenschaft auch in bezug auf das Dreieck *DEF* besitzt. Es ist daher konsequent, *W in bezug auf Dreieck DEF genau so zu realisieren, wie es bei Dreieck ABC in Figur 7 erfolgte.* Wir errichten daher auch über den Seiten des Dreiecks *DEF* gleichseitige Dreiecke und ziehen die Transversalen *DL, EM, FN*, die sich in *W* schneiden. Die konkrete Vornahme der Konstruktion wie in der Figur 13 läßt erkennen, daß offenbar die Ecken *A, B, C* des gesuchten Dreiecks in die Mittelpunkte der Strecken *DL, EM, FN* fallen, womit das Problem in überraschend einfacher und eleganter Art

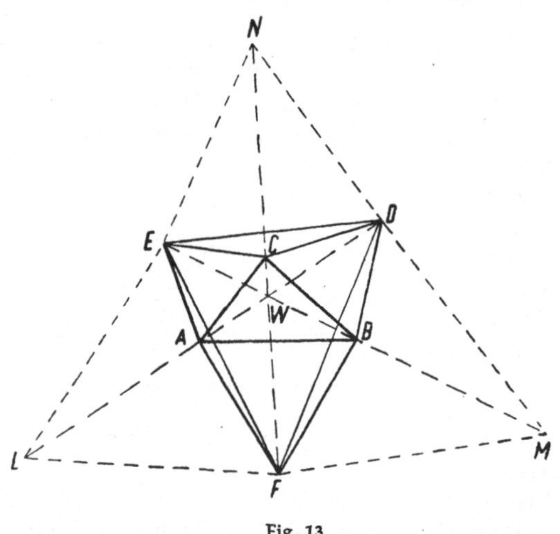

Fig. 13

gelöst ist, falls sich die sich aufdrängende Vermutung allgemein bestätigt.

*Beweis:* Es genügt den Beweis für *A* zu führen. Nach Beispiel 7 war *AD = BE = CF*. Die Gleichheit von Strecken beweist man aus der Kongruenz von Dreiecken. Nun ist $\triangle ALF \cong \triangle BEF$ (durch Drehung um *F* um 60° zur Deckung zu bringen).

Also: $LA = BE = AD$     und     $\sphericalangle LAF = \sphericalangle FBE$.

Ferner ist $\sphericalangle FAW = 180° - \sphericalangle FBW = 180° - \sphericalangle FBE = 180° - \sphericalangle LAF$.
(Beachte Sehnenviereck *AWBF*).

Punkt $A$ liegt also auch auf der (ungeknickten) Linie $LAD$ in gleicher Entfernung von $L$ und $D$, w. z. b. w.

Eine elegante Lösung wie die vorstehende, die durch konsequente und straffe Ausnützung erkannter analoger Verhältnisse zu Stande kommt, bezeichnet man wohl auch als scharfsinnig.

*2. Lösung.* Die gründlichere Ermittlung der Winkelbeziehungen in Figur 7 zeigt, daß $\sphericalangle WCD = 180° - \sphericalangle WBD$, also Ergänzungswinkel zu $\sphericalangle WBD$ ist. Wegen $CD = BD$ läßt sich Dreieck $CWD$ durch eine Drehung um $D$ linksherum um $60°$ an Dreieck $DWB$ legen, wobei ein gleichseitiges Dreieck mit der Seite $WD$ entsteht. Daraus folgt $WD = WB + WC$ und ebenso $WE = WA + WC; WF = WA + WB$.

Zeichnet man etwa ein Dreieck mit den Seiten $DW, EW, FW$, so würde der ihm einbeschriebene Kreis auf ihnen die Abschnitte $AW, BW, CW$ erzeugen, womit dann die Punkte $A, B, C$ aufzufinden sind; allerdings recht undurchsichtig.

Würden wir ferner aufs neue gleichseitige Dreiecke über dem Dreieck $L, M, N$ errichten, und den Prozeß sinngemäß so fortsetzen, so müßten ihre Ecken alle auf die alten Ecktransversalen $AD, BE$ und $CF$ fallen. Die neuen gleichseitigen Schwerpunktsdreiecke aber, von denen in Beispiel 7 die Rede ist, besitzen paarweise parallele Seiten zu denen des vorhergehenden Schwerpunktsdreiecks und durch dessen Ecken.

Mit diesen anregenden Hinweisen mag es sein Bewenden haben.

### Zusammenfassung

Schon die Darbietung der bisher gebrachten Beispiele ist aufschlußreich für die Art und Weise, wie der Mathematiker zu Werke geht. Napoleon I. charakterisierte das an dem französischen Mathematiker *Laplace* treffend als den „*Geist des Infinitesimalen*". Gemeint ist damit: jede Forderung, jede Eigenschaft, jedes Element und Gebilde, jede Definition, kurz alles Wesentliche bis in die letzte Einzelheit haarscharf, d. h. eindeutig in ihrem Sinn begrifflich zu erfassen und konkret zu verwerten. Jede neu zu ermittelnde Eigenschaft einer Konfiguration ist eben das Ergebnis *sämtlicher* bei ihrem Konstruktionsprozeß verwendeten elementaren Operationen. Deshalb bewährt sich auch so erfolgreich die *Inangriffnahme eines Problems nach dem Grundsatz, primär von der geeigneten Definition der beherrschenden Begriffe und ihrem Ausdruck durch die ihr zugrunde liegenden elementaren Operationen auszugehen* (1, 2, 5, 6) *). Geeignet soll heißen,

---

*) Die hier und im folgenden in Klammern angegebenen Ziffern beziehen sich auf die bereits behandelten Beispiele.

daß man sich dabei keineswegs auf eine ganz bestimmte unter vielen Möglichkeiten der Erfassung eines Begriffs (z. B. Kreis, Gerade usf.) versteifen darf. Die Auswahl hat sich der Eigenart der übrigen Bedingungen der Aufgabe anzupassen.

Was von den Bedingungen eines Problems nicht in Konstruktion und Beweis zur funktionalen Verarbeitung herangezogen wird, kann auch nicht im Endergebnis enthalten sein. Das gilt natürlich auch bei der algebraischen Behandlung eines Problems, wo aller rechnerische Aufwand mit einem Fehlschlag enden muß, so lange nicht die algebraischen Ausdrucksmittel die Wesenszüge ausnahmslos und sachgerecht wiedergeben. Jedes Problem sträubt sich daher notwendigerweise so lange gegen seine endgültige Erledigung, als entweder Unterlassungen in der Erfassung seiner Forderungen unterlaufen sind oder die Erkundung der daraus unmittelbar zu folgernden Eigenschaften nicht mit genügender Umsicht oder nur mit unbegründeter Bevorzugung einer gerade sich bietenden Schau betrieben wurde. Hier kann nur eines helfen: Systematische Vollständigkeit mindestens so lange, bis der Blick auf das Ziel freigelegt ist. Nicht mit Unrecht sagt ja *Wilhelm Busch:*

> Das Schlüsselloch man leicht vermißt,
> Wenn man es sucht, wo es nicht ist.

Eine Überprüfung der *Vollständigkeit unter Zugrundelegung einer lückenlosen Systematik*, zusammen mit der Kontrolle der *tatsächlichen Verarbeitung aller wesentlichen Begriffe* wird unerläßlich, sobald man sich auf dem befolgten Lösungsweg festgefahren hat. Hierbei ist die Umschreibung einer Aussage, einer Forderung, eines Begriffs durch andere Worte für die Phantasie als Anregungsmittel wertvoll. Dies führt zu der einzig möglichen, mathematisch verwendbaren Festlegung aller Begriffe durch Elemente und elementare Operationen (2, 3, 5, 6, 7, 8).

Wenn man aber auf Anhieb nicht mit einem Problem fertig wird oder wenn sich die Durchführung eines Lösungsgedankens als zu weitläufig und verwickelt herausstellt, dann ist eine *Prüfung des Problems im Hinblick auf seinen grundsätzlichen Inhalt* in seiner Formulierung und an Hand seiner Figur am Platze. Sie besteht darin, alle Elemente, alle Gebilde lediglich unter dem Gesichtspunkt ihrer definierenden funktionalen Eigenschaft zu werten und jedes solche Element oder Gebilde unter mehreren gleicher Art als unterschiedslos und gleichberechtigt zu behandeln. Eine solche Besinnung, nachträglich oder noch besser von vornherein, pflegt sich sachlich und psychologisch als befruchtend auf das Vorgehen auszuwirken. Sie führt dazu, ein Problem nicht eng, sondern umfassender auszulegen und zu bearbeiten. Sie macht ferner auf typische allgemeine Eigenschaften desselben aufmerksam, veranlaßt zur schärferen Erfassung seines Inhalts und belebt die Erinnerung an Analogien (2, 3, 8, 10).

In der gleichen Richtung liegt der Erfolg einer *kritischen Prüfung der Behauptungen oder Forderungen eines Problems* durch Suchen nach Bestätigungen für ihre Gültigkeit bzw. Erfüllbarkeit in besonderen Fällen. Ausartungen einer Konfiguration in *Grenzfällen* scheinen sich hierfür besonders zu eignen. Stellt doch jeder Grenzfall ein Durchgangstor von einfacheren zu komplizierteren Verhältnissen dar, denen er gleichzeitig angehört. Ihm kommt darum eine wichtige natürliche Vermittlerrolle zu. Ergänzt wird eine solche kritische Prüfung durch *funktionale Erwägungen,* die sich sowohl auf das ganze Problem als solches, als auch auf Fragen zu Teilgebilden einer Figur erstrecken können (4, 7, 8, 9).

*Für die Inangriffnahme einer Konstruktionsaufgabe* muß als oberster Grundsatz gelten:

Nach Studium der bedingungsgemäß gegebenen Eigenschaften einer Musterfigur und unter Heranziehung von Analogien zu ihnen *ist zunächst irgend ein Hilfsgebilde zu realisieren.* (6, 9, 10, 11, 12).

Eine ausgezeichnete Unterstützung für den Lösungsprozeß gewährt endlich auch die *konstruktive Durchführung geometrischer Gedankengänge* in einer forderungsgemäß konstruierten und nicht etwa bloß flüchtig als Handskizze hingeworfenen Musterfigur. Ihre Auswirkungen lassen sich kurz durch die Schlagworte ckarakterisieren: Gründlichere Konzentration der Aufmerksamkeit, schärferes Erfassen aller Einzelheiten, Erkenntnis offenbarer Zusammenhänge, Anregungen zu förderlichen konstruktiven Maßnahmen, Kontrolle angenommener oder vermuteter Zusammenhänge. (Lagenbeziehungen von Punkten, Geraden, Kreisen zueinander, Streckenverhältnisse, Gleichheit von Winkeln usw.) (9, 12).

*Die Erkundung einer Figur ist prinzipiell vollständig durchführbar, wenn alle Strecken und Winkel* (wie in Beispiel 7) *als gegeben angesehen werden können* (auch vermöge von allgemein gültigen Zusammenhängen unter ihnen). Alle Eigenschaften einer Figur erwachsen vornehmlich auch aus den speziellen Voraussetzungen metrischer Art für die primär gegebenen Elemente und Gebilde, aus denen sie sich zusammensetzt. *Daher sind in* erster Linie systematisch *alle erdenklichen metrischen Fundamentalgrößen des Winkels, der Strecke* und, nicht zu vergessen, *der Fläche,* wie sie sich in jedem Punkte, auf jeder Geraden, in jedem Teilgebilde der Figur zusammenfinden, *einschließlich ihrer Daten tabellarisch zu erfassen.* Letztere sind aus den primär gegebenen Stücken ermittelbar. Sodann sind *alle Größen der Übersicht auf weitere metrische Beziehungen untereinander,* über die unmittelbar gegebenen hinaus, *zu untersuchen* und die Ergebnisse in die Figur als dem sachgerechten, übersichtlichen Ort einzutragen oder kenntlich zu machen. Die einfachsten derartigen Zusammenhänge sind die der Gleichheit der genannten Stücke gleicher Art untereinander oder auch bloß ihrer Verhältnisse. Die geometrische Auswertung aller gefundenen Beziehungen erfolgt, *gestützt auch auf die in der Figur enthaltenen, nicht minder wichtigen, Lagenbeziehungen* durch Rückgriff auf:

1. die definierenden allgemeinen Eigenschaften der Elemente und Gebilde (1, 2, 3, 4, 5, 6).

2. die konkrete Realisierung von Forderungen und Beziehungen zur Verarbeitung ihres begrifflichen Inhalts (5, 6, $7_2$, 11).

3. analoge Verhältnisse innerhalb einer Figur (12) oder anderweitig bekannte Analogien (7, 8, 9, 10, 11).

Dadurch aber wird die Einführung von Hilfselementen und -gebilden notwendig, auf die dann auch die Erkundung in gleicher Weise auszudehnen ist. Dabei kann es sich empfehlen, in sich geschlossene Teilfiguren aus der Gesamtkonfiguration herauszugreifen und einem gesonderten Studium zu unterziehen, um einem Übersehen von Zusammenhängen tunlichst einen Riegel vorzuschieben.

Zur Lösung eines Problems bieten sich häufig mehrere Analogien, die untereinander hinsichtlich des mit ihnen erzielbaren Erfolges jedoch keineswegs gleichwertig sein müssen. *Maßgeblich für die Wahl einer bekannten Analogie ist die Art und der Umfang der Übereinstimmungen mit den bekannten Eigenschaften der Musterfigur.* Je zahlreicher die Übereinstimmungen mit den tabellarisch erfaßten originalen Eigenschaften der Musterfigur sind, auf die sich eine Analogie stützt, umso vollkommener wird sie der vollen Eigenart eines Problems auch gerecht werden (8, 10). Eine bestimmte Analogie liefert wohl immer den Schlüssel zu einer möglichen Eigenschaft eines Problems, keineswegs aber immer zu der gerade erwarteten, geschweige denn gar zu der Gesamtheit aller gewünschten Zusammenhänge.

Die einfachsten Analogien gründen sich auf paarweise gleiche Winkel, Strecken oder Streckenverhältnisse, an verschiedenen Teilen einer Figur gelegen. Bei Gleichheit von Winkeln kann z. B. an den Satz des Beispiels 1 über Flächenverhältnisse von Dreiecken, oder den über den Peripheriewinkel nach Beispiel 4, oder endlich die Ähnlichkeitssätze von Dreiecken gedacht werden; bei gleichzeitiger Gleichheit von Strecken und Winkeln an den Peripheriewinkelsatz und die Kongruenzsätze usf. Bei mehrfachem Vorhandensein von Paaren gleicher Strecken und Winkel *unter den unmittelbar gegebenen* Stücken, oder beim Fehlen von gleichen Strecken bzw. wenn an ihre Stelle Streckenverhältnisse treten, läßt sich je nach Sachlage schlechthin schon die organische Herstellbarkeit kongruenter bzw. ähnlicher Dreiecke in der Figur vermuten. Doch kann sich hierbei, wie immer eine ins Auge gefaßte Analogie als unvollkommen herausstellen *) und nur wenn sie vollkommen ist, lassen sich die bekannten Zusammenhänge des Analo-

---

*) Vgl. (8) oder Höhensatz für (11).

gons uneingeschränkt auf die Figur übertragen. *Unvollkommene Analogien zwischen Figurenteilen aber können durch absichtlich zusätzlich eingeführte Hilfselemente zu vollkommenen gemacht* und dann verwertet werden, sobald sich dadurch zu oder zwischen wieder anderen Figurenteilen ganz von selbst weitere vollkommene Analogien mit einfinden, deren funktionale Beziehungen die Hilfselemente ja wieder auszuscheiden gestatten $(1, 2, 8_{1,2})$.

*Für die* einzelnen ermittelten *metrischen Zusammenhänge* zwischen mehreren Elementen gleicher Art aber *besteht das Analogon in ihrer geometrischen Deutung* durch elementare Operationen bzw. konstruktive Realisierung in der Figur. Gleichheit von Winkeln und Strecken wird zum Ausdruck gebracht dadurch, daß man das eine Element mit seinem Partner einschließlich des ganzen Gebildes, das seine Größe ja erst definitionsgemäß bestimmt, durch *organisch* geeignete Verschiebung zur Deckung bringt $(6, 7_2)$, Summe zweier Strecken, indem man die eine um die andere passend verlängert; $\sphericalangle \beta = 180 - \alpha$, indem man etwa $\sphericalangle \alpha$ als Nebenwinkel an $\beta$ legt $(12_2)$, wobei dann das sich nicht deckende Schenkelpaar auf eine gemeinsame Gerade zu liegen kommt usf. Aber auch in diesen Fällen muß, wie stets jedes Stück in seiner neuen Lage in seiner funktionalen Festlegung irgendwie gesichert werden, z. B. durch einen wohl definierten *Verlegungsprozeß* $(6, 7_2)$. *Kompliziertere metrische Beziehungen werden mit Hilfe vollkommener formaler Analogien* zu geometrischen Sätzen metrischen Inhalts *realisiert* (11).

*Hilfslinien und -gebilde sind nach alledem sachlich wohlangebrachte und unvermeidliche Hilfsmittel zur Lösung jedes Problems.* Sie werden nicht nach spontanem Gutdünken, sondern mit allem Vorbedacht so gezogen, daß sie sich organisch in die übrigen Verhältnisse einer Figur einfügen. Ganz allgemein kann dabei als anregendes Moment wirken:

1. *Die Notwendigkeit der Realisierung der definierenden Eigenschaften aller wesentlichen Begriffe von Gebilden und Forderungen im Gegebenen wie Gesuchten;* ebenso aber auch die Art und Weise wie ihr durch geeignete Auswahl der bestehenden Möglichkeiten zu genügen ist (1, 2, 3, 5, 6). Dazu ist auch das Zurückgehen auf die geometrische Definition der benützten oder einzuführenden analytischen Hilfsmittel (etwa trigonometrische Funktionen wie in Beispiel 10) zu rechnen, wobei die Hilfslinien gleichzeitig eine Verknüpfung zwischen den in Beziehung zu setzenden Figurenteilen erzeugen müssen. Konstruktionslinien sind wesentlich und daher ohne weiteres verwertbare Hilfslinien.

2. Die Unerläßlichkeit *der Festlegung von Elementen relativ zu anderen Elementen* ($W$ in Beispiel 7 durch Kreise, $S$ durch Strecken nach $A$, $B$, $C$ in

Fig. 10), die gerade bei isolierten Punkten und Geraden geboten ist, um
eine ihre Lage definierende Verknüpfung mit der Konfiguration herzustellen.

3. *Bei Konstruktionsaufgaben die erzwungene konstruktive Verlegung von
Forderungen und gegebenen Stücken* auf bzw. an bekannte Elemente, falls
infolge der noch ungewissen Lage die ersteren nicht unmittelbar an der
gewünschten Stelle unterzubringen sind. Nur über einen wohldefinierten
Verlegungsprozeß ist die Erfüllung der Forderung durch die Konstruktion
zu erreichen (6).

4. *Die geometrische Deutung metrischer Beziehungen in einer Figur* ($7_2$, 11).

5. *Die Vervollständigung einer Figur durch Hilfselemente und -gebilde zu
ihrer Angleichung an die des Analogons,* sobald eine vollkommene Analogie durch die Erfüllung ihrer wesentlichen Voraussetzungen besteht ($7_1$,
9, 10, 12).

6. *Die Absicht durch* eine aus der Erkenntnis des Vorliegens einer unvoll-
kommenen Analogie entspringende *Initiative, eine vollkommene Analogie*
durch geeignete zusätzliche Elemente *zu erzwingen* (8), oder eine geeignet
erscheinende naheliegende Analogie ($1_2$) künstlich in eine Figur hinein-
zutragen (vgl. oben). Hilfslinien haben dann die Funktionen von Para-
metern, wie häufig Flächen auch ($1_2$, 2, 3, $10_2$). Dem entspricht es, wenn wir
durch Hilfslinien ähnliche, kongruente, rechtwinklige Dreiecke herstellen,
Parallelen ziehen, sobald von Teilverhältnissen die Rede ist (im Hinblick
auf den Proportionalsatz), eine halbierte Strecke als die eine Diagonale
eines zu erstellenden Parallelogramms ansehen, Dreiecke zu Parallelogrammen ergänzen usf. Auch auf die Erzeugung charakteristischer Spezial-
und Grenzfälle, denen für die Lösung besondere Bedeutung zuzukommen
pflegt, sei verwiesen (4).

7. Die Überlegung, daß Hilfslinien oder -gebilde, die in einem Teil einer
Figur gezeichnet werden, genau so und aus der gleichen Veranlassung in
jedem anderen Teil derselben am Platze sind, sobald hier völlig entsprechende Bedingungen obwalten. *Prinzip der Vollständigkeit der Hilfslinien*
(4, $7_1$, $7_2$, 9, 10, 12). Wird über einer Seite eines regelmäßigen Vielecks
ein Gebilde errichtet, so ist es auch über jeder der anderen genau so
angebracht.

Wir beschränken uns auf die im Vorstehenden gegebene Übersicht, wenn
auch neben den genannten Beweggründen gelegentlich noch andere in Frage
kommen mögen. Als Hilfslinien spielen nicht nur Gerade oder Geraden-
systeme, sondern Kurven überhaupt eine Rolle.

## § 2.    Die dynamische Erkundung einer Figur

*Verändere die Figur in gegebenen wie gesuchten Stücken zur Auffindung funktionaler Zusammenhänge!*

Der Leistungsfähigkeit der statischen Erkundung einer Figur ist praktisch eine Grenze gesetzt. Selbst wenn die Eigenschaften aller primären Elemente einer Musterfigur systematisch vollständig in einer Tabelle erfaßt sind, so steht ihrer restlosen Auswertung die oft ermüdende und unübersichtliche Fülle von Kombinationen unter ihnen gegenüber. Nur ganz wenige davon ermöglichen eine vollkommene Analogie zu einem zufällig gelösten Problem und sind, wenn überhaupt, meist nur schwierig herauszufinden. Bei Konstruktionsaufgaben aber ist häufig über gewisse primäre Elemente der Musterfigur nichts bekannt, die Ableitung neuer Eigenschaften aus Bekanntem daher nur ungenügend möglich.

Abhilfe verspricht hier eine andere Erkundungsart, die sich auf die *Abänderung konstruktiver Elemente nach Lage und Größe* gründet und die deshalb und wegen ihrer besonderen Wirksamkeit als dynamisch bezeichnet werden kann. Man darf niemals eine ebene oder räumliche Figur als starr ansehen. Psychologisch wirkt eine solche leblos, ermüdend und unzugänglich, wie das einfarbige Bild des Projektionsapparates, das bei der Menge des gleichartig Dargebotenen nur zu leicht wichtige Einzelheiten übersehen und ihre Bedeutung im Gefüge des Ganzen schwerlich abschätzen läßt. Die bewegliche, sich entwickelnde Konfiguration dagegen fesselt die Aufmerksamkeit, gibt Aufschlüsse über die funktionalen Eigenschaften von Elementen und Teilgebilden und vermittelt zusätzliche Anregungen. Der Eindruck wird dadurch zum Erlebnis ähnlich wie angesichts des sich ständig wandelnden Bildes des Kinematographen.

Rein sachlich ist die Unvermeidbarkeit von Abänderungen im Gefüge einer Figur ohne weiteres einzusehen. Die Grundlage jeder Lösung ist die Allgemeingültigkeit aller funktionalen Beziehungen zwischen den konstruktiven Elementen bei der jeweiligen Konstruktionsvorschrift. Dem Begriff der Gesetzmäßigkeit, der Funktion und der Allgemeingültigkeit liegt aber inhaltlich die Veränderlichkeit quantitativer Größen zu Grunde. Es ist daher sinnlos von einem *eindeutigen* funktionalen Zusammenhang zwischen einer singulären festen Größe und einer ebensolchen anderen zu sprechen oder ihn erwarten zu wollen. In dieser Lage aber befinden wir uns angesichts einer starren Figur. Wohl lassen sich in ihr zwischen betrachteten Elementen Zusammenhänge feststellen, annehmen und überprüfen; dies aber gleich in mannigfaltiger Weise. Kennzeichen für das wirkliche Zutreffen einer einmal angenommenen funktionalen Beziehung in einer Konfiguration ist ihre Bewährung in *jedem* durch Abänderung erzeugten Einzelfall. Wenn wir bei der statischen Erkundung an starrer Figur zur Erkenntnis neuer Zusammenhänge gekommen sind, so nur deshalb, weil wir ausschließlich mit als allgemein gültig erkannten Beziehungen gearbeitet haben. Auf Bewegungsvorstellungen gründen sich viele Grundbegriffe und namentlich die elementaren Operationen, die bei der Durchführung von Konstruktionsaufgaben benötigt werden. Gerade an ihnen hat sich denn auch die sogenannte Bewegungsgeometrie entwickelt, von deren Methoden wir bisher vereinzelt Gebrauch gemacht haben (4, 6, $7_1$, $7_2$, 11, $12_2$). Hilfsgebilde können sich dadurch von selbst einführen, wie z. B. die Hilfskreise in Beispiel 9.

Die folgenden Beispiele lehren wie durch Abänderung einer Figur die zur Lösung erforderlichen Eigenschaften und Hilfselemente sich bemerkbar machen.

### 13. Beispiel

*Aufgabe:* Von zwei Punkten $A$ und $B$ auf derselben Seite einer Geraden $g$ nach einem ihrer Punkte $P$ Fahrstrahlen zu ziehen, welche gleiche spitze Winkel mit $g$ bilden.

*1. und 2. Lösung:* Zur begrifflichen Erfassung der Lage der Punkte fällen wir die Lote $AC$ und $BD$ auf $g$, wobei $BD$ größer als $AC$ sein soll. Wir machen uns von der Forderung der Winkelgleichheit frei, lassen den Punkt $P$ die ganze Gerade $g$ von links nach rechts durchlaufen, und beobachten die Änderung der Winkel der Fahrstrahlen nach $A$ und $B$ mit $g$.

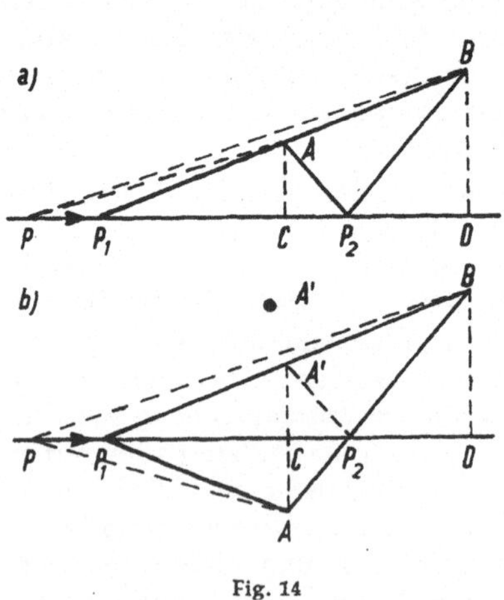

Fig. 14

Zunächst ist $\sphericalangle BPD > \sphericalangle APC$ (Figur 14 a); Gleichheit tritt ein, wenn $P$ auf $AB$ zu liegen kommt bei $P_1$. Sodann wird $\sphericalangle APC > \sphericalangle BPD$, bis an einer Stelle $P_2$ zwischen $CD$ zum zweiten und letzten Male wieder Übereinstimmung eintritt. Aus der Ähnlichkeit der Dreiecke $P_2AC$ und $P_2BD$ folgt, daß $P_2$ die Strecke $CD$ von innen im selben Verhältnis $AC : BD$ teilen muß, wie $P_1$ es von außen tut. Dem Anfänger wird diese Lösungsart für $P_2$ leicht entgehen. Bei dieser Verlegenheit ist es angebracht sich zu fragen, wie die Lösung sich gestaltet, wenn $A$ und $B$ auf verschiedenen Seiten von $g$ liegen, wodurch die Aufgabe von unwesentlicher Einschränkung befreit wird (Fig. 14b). Ist zunächst auch jetzt $\sphericalangle BPD > \sphericalangle APC$, so werden sie in einem Punkte $P_1$ links von $C$ gleich, worauf sich das Größenverhältnis umkehrt. Liegt $P_2$ auf der Verbindungslinie $AB$, so tritt wieder

Gleichheit der Winkel als Scheitelwinkel ein. Zu der unerläßlichen konkreten Erfassung des Begriffs der Winkelgleichheit bei $P_1$ durch Kongruenz, klappen wir etwa die untere Halbebene von $g$ auf die obere, wodurch $A$ auf $A'$ fällt. Damit aber liegt die Realisierungsmöglichkeit von $P_1$ als Punkt von $A'B$ vor. Gleichzeitig sieht man, daß die Winkel $A'P_2C$ und $BP_2D$ gleich sind, wodurch die Lösung auch für die ursprüngliche Aufgabe offenbar wird, wenn $A$ und sein Spiegelbild $A'$ vertauscht werden. Ferner ergibt sich, daß von allen Linienzügen in Figur 14a von $A$ nach beliebigem $P$ und von hier nach $B$, derjenige nach $P_2$ der kürzeste ist, da von den ebenso langen und entsprechenden Linienzügen $A'PB$ derjenige nach $P_2$ ohne Knick verläuft.

3. *Lösung*: Trotz des Gelingens der Lösung der Aufgabe gleich auf doppelte Weise ist der tiefere Grund für den Erfolg immer noch nicht sichtbar geworden. Er enthüllt sich, wenn wir die Gerade $g$ verbiegen — etwa zu einem Kreisbogen — und nun versuchen das Problem zu lösen. Die Konstruktion muß sich selbstverständlich stets nach dem funktionalen Charakter der Kurve $g$ richten. Wir haben bisher diesem Sachverhalt keine Rechnung getragen, wenigstens nicht bewußt. (Tatsächlich jedoch unzweifelhaft.)

Ein Kennzeichen für eine gerade Linie besteht nun darin, daß ihre Punkte unverändert liegen bleiben, sobald man die Gerade, wobei sie selbst als Achse dient, um 180° dreht. Soll diese Definitionsmöglichkeit verwertbar sein, so ist in der Figur auch die Drehung konkret zum Ausdruck zu bringen. An der Geraden selbst ist sie nicht kenntlich zu machen. Daher ist mit der Drehung auch eine Umklappung der von der Geraden begrenzten und die Musterfigur enthaltenden Halbebene auf die andere Halbebene zu verbinden. Die Figur geht dabei in ihr Spiegelbild über. Durch die Koexistenz beider Figuren, zu deren jeder alle Punkte der Drehachse als Doppelelemente gehören, ist die begriffliche Erfassung der Geradlinigkeit der aus letzteren bestehenden Linie sichergestellt.

*Der Notwendigkeit, die begriffliche Festlegung einer Geraden beim Lösungsprozeß zu verwerten, kann also auch durch zusätzliche Spiegelung der ganzen Figur an der erörterten Geraden genügt werden. Das ist der tiefere Sinn einer solchen Spiegelung.*

Die Nutzanwendung auf Figur 14a zur Lösung der vorliegenden Aufgabe versteht sich von selbst.


## 14. Beispiel

*Aufgabe*: Einem gegebenen Dreieck $ABC$ ein anderes Dreieck $PQR$ einzubeschreiben, das den denkbar kleinsten Umfang besitzt.

*Lösung*: Wir wählen den Eckpunkt $R$ auf $AB$ zunächst willkürlich, aber fest und suchen nun $P$ auf $BC$ und $Q$ auf $AC$ so, daß diesem Dreieck ein möglichst kleiner Umfang $u$ zukommt. (Figur 15)

Der Geradlinigkeit der Seiten $AC$ und $BC$ verleihen wir Ausdruck durch Spiegelung von $R$ sowohl an $BC$ in $R_a$ als auch an $AC$ in $R_b$. Die erweiterte Figur weist dann folgende neue Eigenschaften auf:

$$R_aP = RP; \quad R_aC = RC; \quad R_bQ = RQ; \quad R_bC = RC$$

$$\sphericalangle R_aCR_b = 2\,\gamma\;.$$

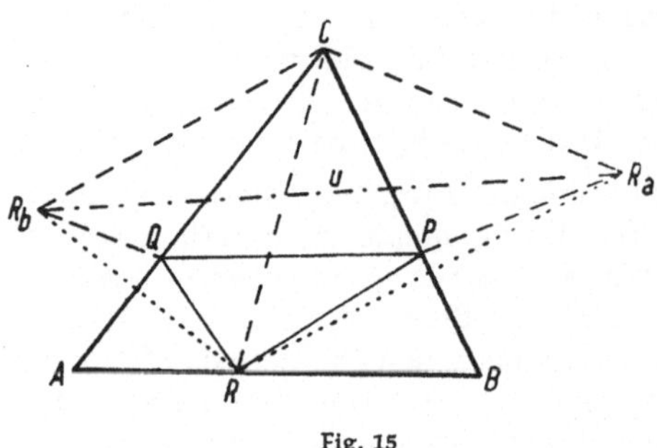

Fig. 15

Der Umfang des Dreiecks $PQR$ ist dann gleich der Länge $l$ des geknickten Streckenzuges $R_aPQR_b$, der sich zwischen den festen Punkten $R_a$ und $R_b$ erstreckt. Sie nimmt ihren kleinsten Wert $u$ an, wenn die Lage von $P$ und $Q$ so abgeändert wird, daß der Streckenzug $l$ geradlinig ohne jeden Knick verläuft.

$u$ ist Basis eines gleichschenkligen Dreiecks $R_aCR_b$ mit den Schenkeln $RC$ und dem gleichbleibenden Winkel $2\,\gamma$ an der Spitze $C$. Dieser geringste Umfang $u$ ändert sich jedoch noch mit der Schenkellänge $R_aC = RC$, wenn $R$ auf der Grundlinie seine Lage wechselt und nimmt seinerseits den kleinsten Wert $u^*$, also ein Minimum unter den Minima, selbst wieder dann an, wenn $RC$ ein Minimum ist. Das tritt ein, wenn für $R$ der Fußpunkt der Höhe von $C$ auf $AB$ gewählt wird. Analog müssen dann auch $P$ und $Q$ Fußpunkte der anderen Höhen sein.

Unter allen Dreiecken $PQR$, die einem gegebenen Dreieck $ABC$ einbeschrieben sind, hat das Fußpunktsdreieck der Höhen den kleinsten Umfang $u^*$. Für seine Größe findet man aus Dreieck $R_aCR_b$ *leicht:*

$$u^* = 2\,h_c \sin\gamma = c \cdot h_c \cdot \frac{2\sin\gamma}{c} = \frac{2\,F}{r}$$

($F =$ Flächeninhalt von $\triangle\,ABC$, $r$ Umkreisradius.)

### 15. Beispiel

*Aufgabe:* Gegeben sind in Figur 16 der Kreis und die Sehnen $AB$ und $CD$. Punkt $Z_1$ als Scheitel des Peripheriewinkels $DZ_1C$ so gesucht, daß $AY = BX$ wird (Beispiel $6_1$).

*Lösung:* (Figur 16). Wir konstruieren exakt eine Musterfigur gemäß den Forderungen der Aufgabe. Zu diesem Zweck wählen wir den gesuchten Punkt $Z_1$ irgendwo auf dem Bogen oberhalb $AB$, $X$ dagegen beliebig auf $AB$, machen $MX = MY$ und konstruieren $CD$. Dies wiederholen wir mehr-

46

fach bei gleichem $Z$, jedoch anderer Größe $MX = MY$. Wir erhalten so eine dem Punkte $Z_1$ zugeordnete einfach unendliche Schar von Sehnen $CD$, zu welchen auch $AB$ zu zählen ist. Zunächst bemerken wir, daß offenbar ihre Verlängerungen alle durch einen und denselben Punkt $P$ von $AB$ gehen. Unter den Sehnen $CD$ zeichnen sich die Tangenten von $P$ an den Kreis mit den Berührungspunkten $U$ und $V$ aus, in denen die Punkte $CD$ zusammenfallen. Die Dreiecke $CDZ_1$ arten dann aus, die gleichen Abschnitte $MX$ und $MY$ werden 0 bzw. beliebig groß. Der Schnitt der Verbindungslinien $UM$ und $VM$ mit dem Kreis liefert die gewünschten

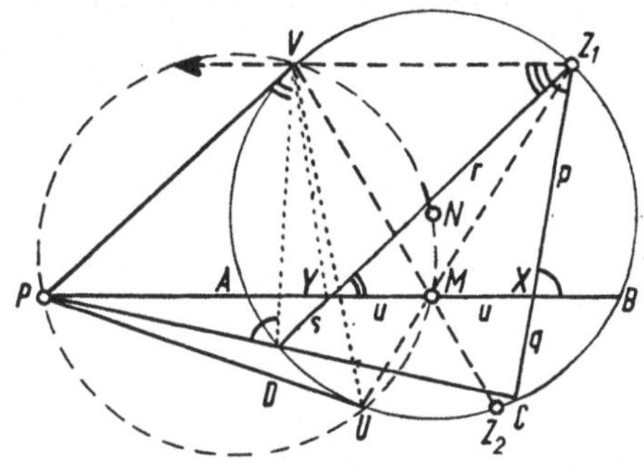

Fig. 16

Lösungen $Z_1$ und $Z_2$, sobald $CD$ (neben $AB$) gegeben ist. Ein Grenzfall verhilft also wieder zum endgültigen Erfolg.

Für die konstruktiv gefundene Eigenschaft, daß alle Sehnen $CD$ der Schar durch einen *festen* Punkt $P$ von $AB = 2\,a$ gehen müssen, ist noch der allgemein gültige Beweis zu erbringen.

*1. Beweis* (rechnerisch): Wir errechnen die Lage $MP = x$ des Punktes $P$ bei gegebenem $Z_1$ und beliebiger Annahme von $MX = MY = u$. Sie muß sich als unabhängig von $u$ herausstellen. Wir stützen uns hierbei auf die in Figur 16 enthaltene Konfiguration zum Satze des *Menelaos* für das Dreieck $Z_1XY$ mit $CP$ als Schnittlinie. Es ist demnach

$$\frac{q}{p+q} \cdot \frac{r+s}{s} \cdot \frac{x-u}{x+u} = 1,$$

woraus sich $\quad x(rq - sp) = u(2\,qs + sp + rq)\quad$ ergibt.

Die Abschnitte $p$, $q$, $r$, $s$ sind durch den Sehnensatz definiert:

$$pq = (a - u)(a + u); \quad q = (a^2 - u^2) : p\,;$$
$$rs = (a - u)(a + u); \quad s = (a^2 - u^2) : r\,.$$

Einsetzen ergibt nach Wegheben gemeinsamer Faktoren:

$$x(r^2 - p^2) = u(2\,a^2 - 2\,u^2 + p^2 + r^2)\,.$$

$p$ und $r$ sind durch die Lage von $Z_1$ bedingt; $Z_1$ selbst ist festgelegt durch $MZ_1 = t$; $\sphericalangle XMZ_1 = \varphi$. Der Kosinussatz für die Dreiecke $XMZ_1$ und $YMZ_1$ lautet $\quad p^2 = t^2 + u^2 - 2\,ut \cos \varphi \quad$ bzw. $\quad r^2 = t^2 + u^2 + 2\,ut \cos \varphi$

Durch Addition und Subtraktion erhalten wir

$$r^2 - p^2 = 4\,ut\cos\varphi \qquad \text{und} \qquad r^2 + p^2 = 2\,u^2 + 2\,t^2\,.$$

Mit diesen Beziehungen kommt für $x$ der endgültige Wert

$$x = (a^2 + t^2) : 2\,t\cos\varphi$$

heraus, unabhängig von $u$, wie erwartet. W. z. b. w.

2. *Beweis:* Wir konstruieren, ausgehend von dem Schnittpunkt $P$ von $CD$ mit $AB$ zunächst die Tangenten $PU$ und $PV$ und daraus $Z_1$ und $Z_2$. Es ist nun zu zeigen, daß dadurch von selbst $MX = MY$ wird. Die Figur 16 legt den Nachweis aus der Kongruenz der Dreiecke $MZ_1X$ und $MVY$ nahe.

In Befolgung unserer allgemeinen Richtlinien haben wir zunächst für die *exakte* konstruktive *Erfassung der Lage* der Berührungspunkte $U$ und $V$ als Schnittpunkte des gegebenen Kreises mit dem auch durch den Punkt M gehenden *Thales*kreis über $PN$ als Durchmesser zu sorgen. Daraus aber ergibt sich die Gleichheit der Winkel $PMU$ und $PMV$ als Peripheriewinkel im *Thales*kreis, da ja $PU = PV$ ist und wegen $\sphericalangle PMV = \sphericalangle Z_1MX$ ist auch

$$MV = MZ_1, \qquad \sphericalangle VMY = \sphericalangle Z_1MX \qquad \text{und zudem noch} \qquad VZ_1 \parallel AB.$$

Wir benötigen somit nur noch die Übereinstimmung eines dritten Paares von Stücken und zwar von Winkeln. $XZ_1 = VY$ scheidet als Kongruenzkriterium aus, da ja dann *stets* $XZ_1 > MZ_1$ sein müßte, was nach Figur 16 keineswegs zu sein braucht. Für die Winkel bei $Z_1$ und $V$ sind keine unmittelbaren Zusammenhänge zu erkennen. Es verbleiben also noch die Winkel bei $X$ und $Y$. Nun ist:

$$\sphericalangle Z_1XB = \sphericalangle VZ_1X = \omega \quad \text{(Wechselwinkel an } VZ_1 \parallel AB).$$
$$\sphericalangle PDV = \sphericalangle VZ_1C = \omega \quad \text{(Sehnenviereck } VZ_1CD).$$

Wenn nun unsere Behauptung über die Kongruenz der Dreiecke $MZ_1X$ und $MVY$ wirklich zu Recht besteht, was wir annehmen, so muß $\sphericalangle PYV = \omega$ sein. $Y$ und $D$ müssen deshalb auf demselben Kreisbogen über $PV$ liegen, der den Winkel $\omega$ als Peripheriewinkel über $PV$ faßt. $PVYD$ muß ein Sehnenviereck sein, eine Konsequenz, die prinzipiell sofort *in allen Einzelheiten* zu untersuchen und auszuwerten ist. Wir zeichnen den Umkreis um $PVYD$, was zur Vermeidung einer Überladung in Figur 16 unterlassen ist und stellen fest:

$$\sphericalangle PVD = \sphericalangle PYD = \varepsilon \qquad \text{(als Peripheriewinkel über } PV);$$
$$\sphericalangle PYD = \sphericalangle MYZ_1 = \sphericalangle VZ_1Y \quad \text{(Scheitel- und Wechselwinkel an } AB \parallel VZ_1).$$

Hieraus folgt:
$$\sphericalangle PVD = \sphericalangle VZ_1D = \varepsilon.$$

Dieser Schluß aber bewahrheitet sich, weil $\sphericalangle PVD$ Sehnentangentenwinkel im gegebenen Kreis ist. Durch Umkehrung der Schlußkette folgt aus diesem bestätigten Ergebnis, daß Viereck $PVYD$ tatsächlich ein Sehnenviereck ist und somit

$$\sphericalangle PYV = \sphericalangle BXZ_1 = \omega \quad \text{und} \quad \sphericalangle MYV = \sphericalangle MXZ_1 = 180° - \omega.$$

Dadurch ist die Kongruenz der Dreiecke $MYV$ und $MXZ_1$ sichergestellt. Es ist also immer $MX = MY$. W. z. b. w.

*Rückblick:* Deduktives Vorgehen wie beim letzten Beweis hat den Vorzug strafferer Zielstrebigkeit der Gedankenführung. Indem Vermutung oder Behauptung als unbezweifelbarer Tatbestand angesehen wird, ergeben sich durch Schlußfolgerungen Hinweise auf die zum Beweise benötigten Beziehungen in der Figur.

Der obigen Lösung liegt der Gedanke zugrunde, eine einparametrische Schar eines Teils der gegebenen Stücke ausfindig zu machen, die alle zum gleichen Konstruktionsergebnis (Z) führen; durch Wahl geeigneter Stücke der in ihren Eigenschaften erkannten Schar läßt sich dann das Problem vereinfachen oder vollständig lösen. Ein solches läßt eine Schar dann zu, wenn sich, ausgehend von festen Annahmen für die geforderten Eigenschaften des Gesuchten, eine forderungsgerechte Musterfigur in determinierter Weise realisieren läßt. Ein Teil der gegebenen Stücke des Problems ergibt sich hierbei natürlich erst konstruktiv. Die Schar entsteht, wenn *eine* der Forderungen für das Gesuchte durch veränderliche Annahmen erfüllt wird. Vgl. auch folgendes Beispiel, erste Stufe der Lösung.

## 16. Beispiel

*Problem des Apollonius:* Gesucht alle Kreise, welche drei gegebene Kreise berühren.

*Lösung:* Die gegebenen Kreise seien $K_1(M_1, r_1)$; $K_2(M_2, r_2)$; $K_3(M_3, r_3)$ mit den Radien $r_1 \geqq r_2 \geqq r_3$. Von dem zu konstruierenden Kreis $K(M, x)$ ist gesucht die Lage des Mittelpunkts $M$ und der Radius $x$. Sobald die Lage von $M$ feststeht, ist auch der Radius bekannt. Wir beabsichtigen daher $M$ zu ermitteln und das unter Beschränkung auf ein Mindestmaß von Vorkenntnissen.

Wir unterrichten uns zunächst qualitativ über die verschiedenen Arten, in denen die Bedingungen des Problems erfüllbar sind. Ein gesuchter Kreis kann jeden der gegebenen von außen oder von innen her berühren. Systematisches Vorgehen führt zu einer vollständigen Übersicht in den 4 verschiedenen Fällen der folgenden Tabelle:

Berührungsart des gesuchten Kreises mit den gegebenen Kreisen
(Berührung von außen $= A$, von innen $= J$)

|  |  | $K_1$ | $K_2$ | $K_3$ |
|---|---|---|---|---|
| 1. Fall | a) | $A$ | $A$ | $A$ |
|  | b) | $J$ | $J$ | $J$ |
| 2. Fall | a) | $A$ | $J$ | $A$ |
|  | b) | $J$ | $A$ | $J$ |
| 3. Fall | a) | $A$ | $A$ | $J$ |
|  | b) | $J$ | $J$ | $A$ |
| 4. Fall | a) | $A$ | $J$ | $J$ |
|  | b) | $J$ | $A$ | $A$ |

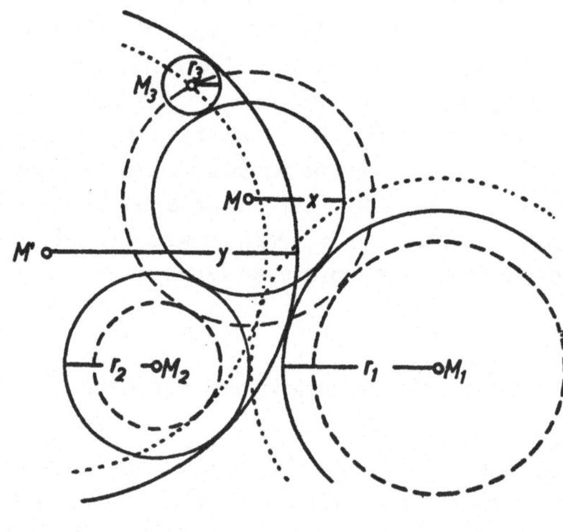


Fig. 17

In jedem Falle sind zwei Möglichkeiten zusammengefaßt, die durch Vertauschung von $A$ und $J$ entstehen. Es gibt also im allgemeinen 8 Kreise, die 3 gegebene berühren.

Nach dieser allgemeinen Orientierung konstruieren wir uns wiederum, ausgehend von einer Annahme für den gesuchten Kreis eine den Forderungen genügende Musterfigur, wie es Figur 17 für die Fälle 1a und 4a zeigt. Die vier Mittelpunkte $M$, $M_1$, $M_2$, $M_3$ sowie der Radius $x$ können beliebig gewählt werden; dann aber sind die 3 Radien $r_1$, $r_2$, $r_3$ (ähnlich wie $C$ und $D$ in Beispiel 15) festgelegt. Lassen wir nun bei festem Mittelpunkt $M$ den gesuchten Kreis anschwellen, so weiten sich auch die Kreise mit Innenberührung aus, die mit Außenberührung dagegen schrumpfen mehr und mehr zusammen. Zu dem vorgegebenen Merkmal $M$ des gesuchten Kreises gibt es also je eine einparametrische Schar von Kreisen $K_1'$, $K_2'$, $K_3'$ mit gleichzeitig veränderlichen Radien $r_1'$, $r_2'$, $r_3'$, wobei der ebenfalls veränderliche Radius $x'$ des gesuchten Kreises als Parameter auftritt. Für die drei Scharen gilt: $r_i' = MM_i - x'$ bei äußerer, $r_i' = x' - MM_i$ bei innerer Berührung $(i = 1, 2, 3)$. Wir erhalten eine Vereinfachung des Problems, wenn wir den Radius des gesuchten Kreises solange anwachsen bzw. abnehmen lassen, bis der kleinste Kreis $K_3$ in einen Punkt $M_3$ ausartet $(x' = MM_3)$. Dabei entstehen neue gegebene Kreise $K_1'$, $K_2'$ (gestrichelt bzw. punktiert in Figur 17) deren Radien $R$, $r$ für jeden der 4 Fälle in folgender Tabelle zusammengestellt sind:

| Berührungsart des gesuchten Kreises | 1. Fall a und b | 2. Fall a und b | 3. Fall a und b | 4. Fall a und b |
|---|---|---|---|---|
| $R$ (von $K_1'$) | $r_1 - r_3$ | $r_1 - r_3$ | $r_1 + r_3$ | $r_1 + r_3$ |
| $r$ (von $K_2'$) | $r_2 - r_3$ | $r_2 - r_3$ | $r_2 + r_3$ | $r_2 - r_3$ |

Das allgemeine Problem bricht dadurch in 4 einfachere, prinzipiell gleichartige Probleme auseinander:

Gesucht alle Kreise, welche durch einen gegebenen Punkt $M_3$ gehen und zwei gegebene Kreise $K_1'$ und $K_2'$ mit den Radien $R$, $r$ berühren $(R > r)$.

Die gesuchten neuen Kreise haben mit denjenigen des ursprünglichen Problems die Mittelpunkte, nicht aber die Radien gemein.

In der nun einsetzenden 2. Lösungsphase ist ein Fortschritt vor allem durch das Studium der Berührungsverhältnisse des gesuchten Kreises mit den gegebenen $K_1'$ und $K_2'$ zu erwarten. Dazu müssen die Berührungspunkte variiert werden. Um dies zu ermöglichen, lassen wir daher jetzt die Forderung, daß der gesuchte Kreis durch den Punkt $M_3$ geht, fallen; lassen ihn erneut, diesmal allein, beliebig schwellen und schrumpfen und ersetzen ihn somit durch eine Schar $K_1'$ und $K_2'$ berührender Kreise. Diese erzeugt ihrerseits zwei funktional gekoppelte Scharen von Berührungspunkten und ihrer Verbindungslinien, in deren Lagenwechsel ja die gleichzeitige Änderung der beiden Berührungspunkte zusammenfassend zum Ausdruck kommt. Je nach der Berührungsart des veränderlichen Kreises mit den gegebenen Kreisen unterscheiden wir wieder zwei Fälle:

| | | Berührung mit $K_1'$ | Berührung mit $K_2'$ |
|---|---|---|---|
| Fall I | a) | $A$ | $A$ |
| | b) | $J$ | $J$ |
| Fall II | a) | $A$ | $J$ |
| | b) | $J$ | $A$ |

Die Unterfälle a) und b) gehen im Zuge der stetigen Veränderung des pulsierenden Kreises ineinander über. Die Grenzlage zwischen a) und b) bilden die gemeinsamen Tangenten.

In Figur 18 sind die beiden Fälle I und II prinzipiell wiedergegeben. Nach den Prinzipien von § 1 (Zusammenfassung) sind die notwendigen Hilfslinien gezogen. Das Studium der Figureigenschaften ist durch die Kennzeichnung übereinstimmender Winkel eingeleitet.

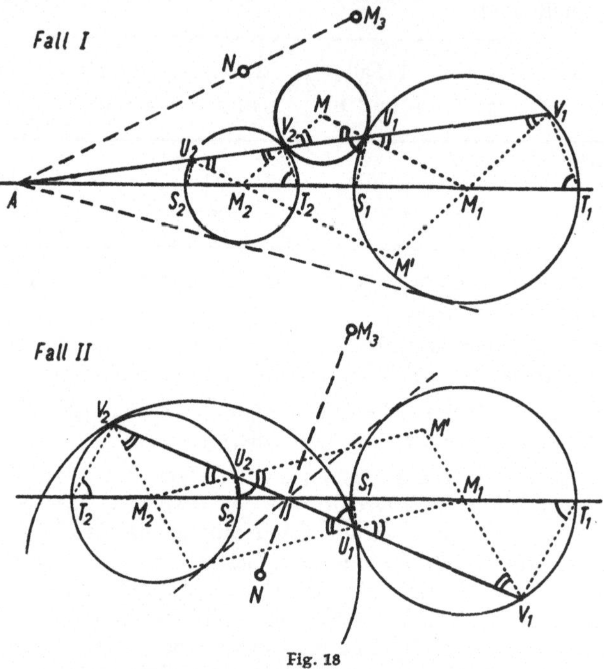


Bei aufmerksamer Verfolgung der wechselnden Lage der Verbindungslinien $U_1 V_2$ drängt sich die Vermutung auf, daß sie sich alle in einem Punkte $A$ bzw. $J$ schneiden. Die zeichnerische Nachprüfung bestärkt uns darin. Da zu den Verbindungslinien insbesondere die Zentrale $M_1 M_2$ und die gemeinsamen äußeren Tangenten im Fall I bzw. die inneren im Fall II zählen, so kommt dafür nur der äußere bzw. innere Ähnlichkeitspunkt $A$ bzw. $J$ der beiden Kreise $K_1' K_2'$ in Frage. In der Tat ist der Figur zu entnehmen (gleichzeitig für beide Fälle I und II in Figur 18 zutreffend):

$$M_1 V_1 \parallel M_2 V_2, \quad M_1 U_1 \parallel M_2 U_2$$

und somit
$$AM_2 : AM_1 = M_2 V_2 : M_1 V_1 = r : R$$

bzw.
$$JM_2 : JM_1 = r : R$$

Die Schnittpunkte der genannten Verbindungslinien teilen also genau die Zentrale $M_1M_2$ von außen bzw. innen im Verhältnis der Radien, wie vermutet.

Drehen sich ferner die Verbindungslinien um $A$ bzw. $J$, so verlagern sich auf ihnen $U_1$ und $V_2$ (und $V_1$, $U_2$) in entgegengesetztem Bewegungssinne, was eine zweite Vermutung nahelegt; nämlich:

$$AU_1 \cdot AV_2 = \text{const.} \quad\text{bzw.}\quad JU_1 \cdot JV_2 = \text{const.}$$

Die Analogie ruft für diesen algebraischen Ausdruck den Sekanten- bzw. Sehnensatz in Erinnerung, so daß etwa die Punkte $U_1V_2T_2S_1$ immer auf einem Kreise liegen müßten, wenn sich das Besagte bewahrheiten soll. Die Figur läßt nun weiter erkennen, daß

$$V_1T_1 \parallel V_2T_2;\ U_1S_1 \parallel U_2S_2, \quad\text{da ja}\quad \sphericalangle V_2T_2S_2 = \sphericalangle V_1T_1S_1.$$

Andererseits aber ist

$$\sphericalangle V_2U_1S_1 = \sphericalangle V_1T_1S_1 \ (\text{Sehnenviereck } S_1U_1V_1T_1)$$

Es liegen daher $S_1U_1V_2T_2$ und $S_2U_2V_1T_1$ immer auf je einem Kreis und für das Produkt gilt tatsächlich stets:

$$AU_1 \cdot AV_2 = AU_2 \cdot AV_1 = AS_1 \cdot AT_2 = AS_2 \cdot AT_1,$$

weil das erste Produkt mit dem folgenden auf den gemeinsamen Tangenten gleich wird. Entsprechendes gilt, wenn man $A$ durch $J$ ersetzt (in Figur 18 II). Man bezeichnet diese Produkte kurz als Potenzen des Punktes $A$ (bzw. $J$) in bezug auf den jeweiligen Kreis.

Da nun $U_1$ und $V_2$ gleichzeitig auf dem veränderlichen Kreise liegen, so gilt nach dem Sekantensatz (Sehnensatz) die Gleichheit der genannten Produkte auch mit denjenigen aus den beiden analogen Abschnitten aller beliebigen Sekanten durch $A$ (bzw. Sehnen durch $J$) in bezug auf jeden einzelnen der abgewandelten Kreise: der äußere bzw. innere Ähnlichkeitspunkt von $K_1'$ und $K_2'$ hat gleiche Potenz in bezug auf jeden der veränderlichen Kreise. Greifen wir endlich als Spezialfall unter den letzteren denjenigen wieder heraus, der durch $M_3$ geht und verbinden $A$ ($J$) mit $M_3$ so schneidet $M_3A$ ($M_3J$) diesen Kreis zum zweiten Male in einem festbestimmten Punkte $N$ und es ist (auch entsprechend bei $J$)

$$AN \cdot AM_3 = AS_1 \cdot AT_2 = AU_1 \cdot AV_2 = AS_2 \cdot AT_1.$$

Jeder gesuchte berührende Kreis $K'$, der durch $M_3$ geht, muß gleichzeitig auch durch diesen zusätzlichen Punkt $N$ gehen, der sich als Schnitt von $AM_3$ mit dem Umkreis um irgendein Dreieck $U_1V_2M_3$ oder speziell Dreieck $S_2T_1M_3$ bzw. $T_2S_1M_3$ ergibt. Zugleich folgt: Alle Kreise durch $U_1V_2M_3$ und

$V_1U_2M_3$ bilden ebenfalls eine Schar mit gleicher Potenz des Punktes $A$ ($J$) nämlich ein Kreisbüschel mit den festen Grundpunkten $M_3$ und $N$. Zu jedem der 4 Fälle, in die sich das Grundproblem aufspaltet, gehört jeweils nur ein Punkt $N$. Bei den Fällen 1 und 3 (Seite 50), in denen $K_1'$ und $K_2'$ gleichartig berührt werden, ist demnach der äußere Ähnlichkeitspunkt $A$, bei den Fällen 2 und 4, in denen $K_1'$ und $K_2'$ im entgegengesetzten Sinne berührt werden, der innere Ähnlichkeitspunkt $J$ für die Ermittlung von $N$ maßgebend.

Unter Benützung des Punktes $N$ geht die schon vereinfachte Aufgabe: alle Kreise durch $M_3$ zu ermitteln, welche $K_1'$ und $K_2'$ berühren, abermals in eine noch einfachere über:

Alle Kreise zu bestimmen, welche durch zwei feste Punkte $M_3$ und $N$ gehen und einen gegebenen Kreis $K_1'$ berühren.

In der dritten Phase lassen wir den gesuchten Kreis nochmals schwellen und schrumpfen, diesmal jedoch so, daß er immer durch die Punkte $M_3$ und $N$ geht, die Berührung mit $K_1'$ jedoch aufgibt. Dabei wird die schon oben genannte Kreisschar in Gestalt eines Büschels erzeugt. Irgendeiner der Kreise schneidet dafür $K_1'$ in zwei Punkten $E$, $F$, ein anderer in $G$, $H$, deren Veränderung wir nun beobachten. Der zeichnerische Versuch legt nahe, daß die Verbindungslinien $EF$ und $GH$ sich stets in einem Punkte $Q$ auf der Linie $M_3N$ schneiden müssen. Würde dies nicht zutreffen, so müßte die Verbindungslinie von $Q$ mit $G$ den Kreis $K_1'$ in $X$, den Hilfskreis in $Y$ zum zweiten Male schneiden. $Q$ sei dabei als Schnitt von $M_3N$ mit $EF$ definiert. Dann ist nach dem Sekantensatz:

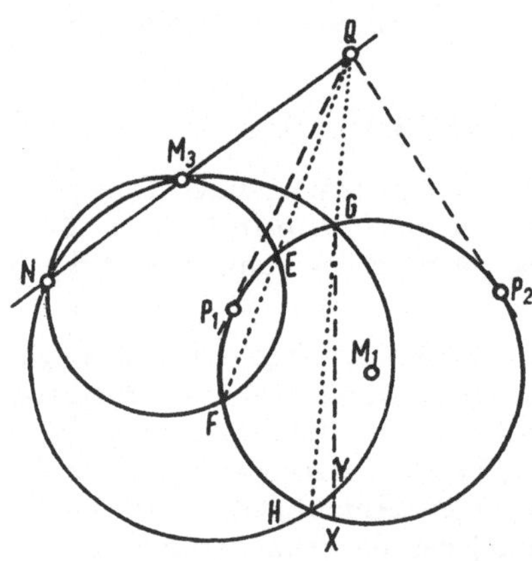

Fig. 19

$$M_3Q \cdot NQ = EQ \cdot FQ \tag{1}$$

$$QG \cdot QX = EQ \cdot FQ \tag{2}$$

$$QG \cdot QY = M_3Q \cdot NQ \tag{3}$$

Aus (2) und (3) folgt vermöge (1):

$$QX = QY \text{ und somit } X \equiv Y \equiv H,$$

womit sich unsere Vermutung als zutreffend bestätigt. Dies folgt auch unmittelbar aus dem Satze: die drei Chordalen *) eines Tripels von Kreisen schneiden sich in einem Punkt.

---

*) Unter Chordale ist hier die gemeinsame Sehne zweier Kreise zu verstehen.

Eine Grenzlage führt zu erneuter Vereinfachung. Die Tangenten von $Q$ an $K_1'$, ergeben die Berührungspunkte $P_1$, $P_2$ der gesuchten Kreise mit $K_1'$, deren Mittelpunkte mit denen der gesuchten Berührungskreise des ursprünglichen Problems übereinstimmen. Dieses ist damit schrittweise auf die Ermittlung der Mittelpunkte der Umkreise einer Reihe verschiedener Dreiecke $M_3$, $N$, $P$ zurückgeführt. (Je zweier in jedem der 4 Teilprobleme im allgemeinen.) Es gibt maximal 8 Lösungen, wie erwartet.

*Rückblick:* Nächst Scharen für das Gegebene haben sich auch *Scharen funktional gekoppelter, gemeinsamer Elementenpaare von Gesuchtem und Gegebenem* bewährt, deren Erzeugung aber erst möglich wird *durch das Fallenlassen einer Bedingung.* Zur Ermittelung der Zusammenhänge erweisen sich auch die *Scharen der Verbindungsgeraden bzw. Schnittpunkte der Paare* als wesentlich (vgl. auch Beispiel 15). — Auch ohne die in einer Figur weniger ersichtliche *metrische* Eigenschaft der Punktepaare $U_1V_2$ (konstante Potenz) wäre die Existenz des entscheidenden Punktes $N$ rein konstruktiv zu erschließen gewesen als gemeinsamer Punkt der Schar der Umkreise $U_1V_2M_3$, sofern auf zeichnerischem Wege bereits die Lage von $U_1 V_2$ auf einer Geraden durch $A$ bzw. $J$ erkannt worden war. Die Heranziehung dieser neuen Schar liegt nahe, da ja der gesuchte berührende Kreis in ihr enthalten sein muß. Zuweilen ist also die Einführung neuer Scharen beim konstruktiven Lösungsverfahren unter Verwertung von Lageneigenschaften bereits betrachteter Scharen heuristisch wertvoll.

## 17. Beispiel

*2. Lösung* des Apollonischen Problems.

Wir behalten alle gegebenen Stücke unverändert bei, lassen jedoch zur Erzielung der Veränderlichkeit des Radius $x$ des gesuchten Kreises die Bedingung der Berührung mit einem der übrigen Kreise, etwa $K_3$, von Anbeginn an fallen, Voraussetzungen, wie sie in der 2. Stufe der ersten Lösung auch schon gemacht worden waren. Unser Interesse wendet sich aber jetzt der Bewegung des Mittelpunktes des sich wandelnden Kreises zu, der eine Bahnkurve beschreibt. Mit der einparametrischen Schar der gesuchten Kreise ist so eine besonders einfache Schar, eine solche von Punkten, gekoppelt, deren Eigenschaften wieder Ausfluß der definierenden Eigenschaften der Kreisschar sind.

Für die Annahme von Figur 17 ist in früherem Fall 1:

$$MM_1 = x \pm r_1; \quad MM_2 = x \pm r_2,$$

wo die $+$ Zeichen dem Fall a), die $-$ Zeichen dem Fall b) zugeordnet sind. Die für *jeden* Mittelpunkt $M$ zutreffende, allgemeingültige Eigenschaft offenbart sich durch Beseitigung von $x$:

$$MM_1 - MM_2 = \pm (r_1 - r_2).$$

$M$ liegt so, daß die Differenz seiner Entfernungen von den gegebenen Mittelpunkten $M_1$, $M_2$ konstant ist, also auf einer Hyperbel mit den Brennpunkten $M_1$, $M_2$ und der reellen Achse $r_1 - r_2$.

Sieht man von der Berührung mit einem der andern Kreise $K_1$, $K_2$ an Stelle von $K_3$ ab, so muß $M$ analog und zugleich auch zwei anderen Hyperbeln mit den Bestimmungselementen $M_2$, $M_3$, $r_2 - r_3$ bzw. $M_3$, $M_1$, $r_1 - r_3$ angehören, also gemeinsamer Schnittpunkt aller drei Hyperbeln sein. Zwei derselben schneiden sich im allgemeinen in vier Punkten, die jedoch nicht alle verwertbar sein können; denn für die beiden Unterfälle 1a) und b) kommt nur je ein Mittelpunkt in Frage. Über die Brauchbarkeit entscheidet erst die dritte Hyperbel.

Gleiches ist für die übrigen Fälle 2, 3, 4 zu sagen. Bei ihnen ergeben sich als Bahnkurven für $M$ wieder Hyperbeln mit zwar den gleichen Brennpunkten $M_1$, $M_2$, $M_3$, jedoch ganz oder teilweise anderen Hauptachsen, z. B. in Fall 4:

$$MM_1 - MM_2 = \pm\,(r_1 + r_2); \quad MM_2 - MM_3 = \pm\,(r_2 - r_3);$$

$$MM_1 - MM_3 = \pm\,(r_1 + r_3)$$

Fall 4a) obere, 4b) untere Zeichen.

*Bemerkungen:* Sind die Annahmen für die gegebenen Kreise abweichend von Figur 17, derartig, daß ein gesuchter Kreis im Innern eines gegebenen möglich ist, so stellen sich auch teilweise Ellipsen als Bahnkurven für $M$ ein.

Die Verwendung anderer Kurven als Kreise und Geraden ist in der elementaren Geometrie vornehmlich aus Gründen ihrer schwierigeren exakten zeichnerischen Erzeugung verpönt. Eine solche Lösung wird darum als unbefriedigend angesehen. Man braucht deshalb aber keineswegs jede Analysis, die sich auf höhere Kurven stützt, zu scheuen. Denn es zeigt sich, daß man gleichwohl auch bei solcher Lösungsart gelegentlich mit den üblichen einfachen Zeicheninstrumenten unter Verzicht auf die Zeichnung der höheren Kurve selbst auskommen kann. Ein Beispiel gibt folgende

*Aufgabe:*
Über den beiden Hälften der Grundlinie eines Spitzbogenfensters $ABC$ stehen nach oben Halbkreisfenster. Konstruiere ein Radfenster, das diese, sowie die beiden Spitzbögen vom Radius $KB$ berührt.

*Lösung:* 1. Die Prüfung dieser Aufgabe auf ihren grundsätzlichen Inhalt (vgl. Seite 38) läßt unschwer erkennen, daß sie einen Sonderfall des allgemeinen Apollonischen Problems darstellt, wie übrigens alle eng verwandten derartigen Aufgaben auch. Damit liegt aber der Weg zu ihrer rein konstruktiven Erledigung frei. Die Schwellung des gesuchten Kreises bis die

Halbkreise zu Nullhalbkreisen um $L$, $N$ zusammenschrumpfen, führt hier unmittelbar in die 3. Stufe der Lösung nach Beispiel 16, welche in Figur 20 gestrichelt wiedergegeben ist.

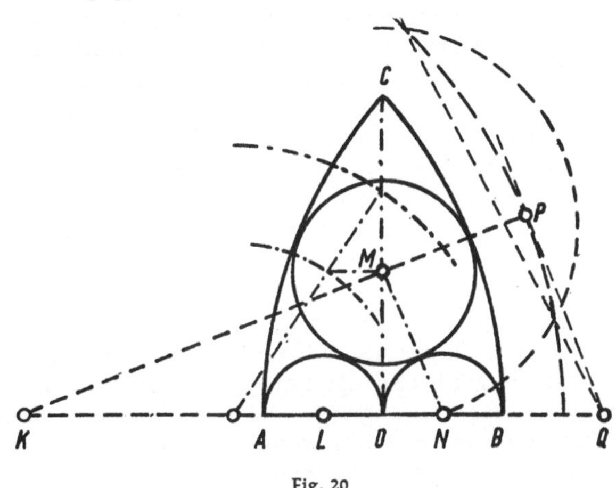


Fig. 20

2. Die neue Lösung mit Bahnkurve für den Mittelpunkt $M$ des gesuchten Kreises vom Radius $x$ führt hier auf eine Ellipse.

Denn es ist:
$$KM = KB - x; \quad NM = ND + x;$$
$$KM + NM = 2\,a + \frac{a}{4} = \frac{9}{4}\,a,$$

wobei $AB = a$, $KB = 2 \cdot AB = 2\,a$ gesetzt ist.

Die große Halbachse der Ellipse ist $\frac{9}{8}\,a$, die kleine $\frac{a}{2}\sqrt{2}$, die Brennweite $\frac{7}{4}\,a$, die Brennpunkte sind $K$ und $N$. $M$ ergibt sich als Schnitt der Symmetrieachse $CD$ mit der Ellipse vermöge ihrer Konstruktion mit Hilfe der beiden Scheitelkreise (strichpunktiert in Figur 20), ohne daß die Ellipse selbst gezeichnet werden muß.

3. Rein rechnerisch folgt aus den Dreiecken $KMD$ und $NMD$:
$$MD^2 = (2a - x)^2 - \left(\frac{3}{2}\,a\right)^2 = \left(\frac{a}{4} + x\right)^2 - \left(\frac{a}{4}\right)^2; \quad x = \frac{7}{18}\,a,$$

so daß also $M$ auch als Schnittpunkt zweier Kreise um $K$ und $N$ mit angebbaren Radien zu finden ist.

*Rückblick, Ergänzungen:* Die zweite Lösungsart unseres Problems benützt Scharen eines charakteristischen Elements des variierten Gesuchten selbst.

Ein Element, Punkt oder Gerade, hat in der Ebene zwei Freiheitsgrade und ist demnach erst durch zwei Bedingungen (oben: konstante Entfernungsdifferenzen) in bezug auf andere als bekannt anzusehende Elemente festlegbar. Beachtet man nur eine derselben unter Abschaltung jeden Gedankens an die andere, welche somit fallen gelassen wird, so wird ein Freiheitsgrad und damit Veränderlichkeit des Elements gewonnen. Für dieses gibt es eine einparametrische Schar, *einen geometrischen Ort*, nämlich eine Bahnkurve *als eine Folge von Punkten bzw. sie umhüllender Geraden*. Der geometrische Ort ist dann *die uneingeschränkteste Realisierung der beibehaltenen Eigenschaft*. Soll das gesuchte Element beiden Bedingungen genügen, so ist es als gemeinsames Element der beiden diese einzeln realisierenden Örter zu finden. — Die erwähnten Voraussetzungen für die Lösbarkeit eines Problems durch geometrische Örter ergeben sich häufig erst vermöge funktionaler Zusammenhänge. Ist z. B. ein Dreieck $ABC$ zu konstruieren aus den Abschnitten $p$ und $q$, in welche die Grundlinie $AB$ durch die Halbierende des Winkels $\gamma$ zerlegt wird, und der Schwerlinie $AD = s_a$, so lassen sich hier zwei Eigenschaften für $C$ angeben. Die eine wird durch den Satz von der Winkelhalbierenden $a : b = p : q$ vermittelt und durch den Kreis des Apollonius zu der Strecke $c = p + q$ realisiert; die andere offenbart sich bei der durch Analogieschluß nahegelegten parallelen Verschiebung von $s_a$ durch $C$, von der die Lage $AE = c$ ihres Anfangspunktes $E$ auf dem verlängerten $AB$, sowie ihre Länge $CE = 2\,s_a$ angegeben werden können. Aus dem Ort für $C$ ließe sich aber auch wegen $BD : CD = 1 : 1$ ein solcher für $D$ ableiten, womit zwei Ortseigenschaften für den Hilfspunkt $D$ ersichtlich werden.

### 18. Beispiel

*Die Drehstreckung.*

*Satz A:* Dreht sich ein veränderliches Dreieck, immer zu sich selbst ähnlich bleibend, um seine Ecke $A$ als festes Zentrum, während seine Ecke $B$ auf der Peripherie eines beliebigen Polygons $PQR\dots$ entlanggleitet, so beschreibt die dritte Ecke $C$ ein dazu ähnliches Polygon $P'Q'R'\dots$ im Maßstab $m = AC : AB$. Dieses ist zudem im gleichen Sinne und um den gleichen Betrag gegenüber dem gegebenen gedreht, wie $AC$ gegenüber $AB$, d. h. um den Winkel $BAC$.

*Beweis:* Ähnlichkeit aller Dreiecke $ABC$ bedeutet definitionsgemäß Konstanz der Winkel und Seitenverhältnisse speziell also von $AC : AB = m$ und des Winkels $\alpha$. Wann ist der Satz nun einfach zu beweisen, d. h. bei welchen speziellen Annahmen für das bewegliche Dreieck? Wir wählen für dieses einen Grenzfall, bei dem die Ecke $C^*$ auf $AB$ gelegen ist: also $\sphericalangle\,\alpha = 0$ bei gleichem konstantbleibendem Verhältnis $\dfrac{AC^*}{AB} = m$. Dann aber geht bekanntlich als Erzeugnis des Punktes $C^*$ ein perspektivähnliches Polygon $P^*Q^*R^*$ ... im Maßstab $m : 1$ hervor, dessen Seiten zu den entsprechenden des Polygons $PQR$ ... paarweise parallel sind. $A$ ist Perspektivitätszentrum. Schwenkt man ferner, um zu dem beliebigen Dreieck $ABC$ überzugehen, das ganze Büschel der Ähnlichkeitsstrahlen $AP, AQ, AR, \ldots$

samt dem Polygon $P^*Q^*R^*$ ... um den Winkel $\alpha$ mit $A$ als Drehpunkt heraus, so stimmen alle Dreiecke $APP'$, $AQQ'$, $ARR'$ ... überein im Verhältnis $m : 1$ ihrer Schenkel durch $A$ und dem Zwischenwinkel $\alpha$ (Fig. 21). Sie sind also ähnlich und Vieleck $P'Q'R'$ ... mit seinen ebenfalls um den Winkel $\alpha$ im gleichen Sinne gedrehten Seiten ist der vom Punkte $C$ beschriebene Ort. Dieser ist somit das Ergebnis einer Streckung des gegebenen Polygons vom Punkte $A$ aus im Verhältnis $AC : AB = m : 1$ und zugleich einer Drehung um $A$ um den Winkel $BAC$. W. z. b. w.

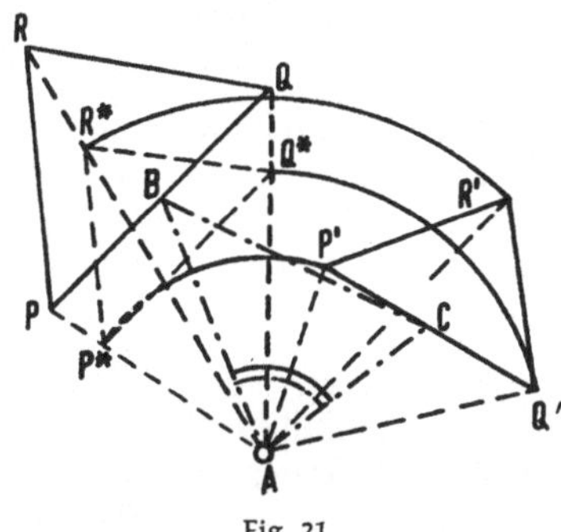

Fig. 21

Artet das Polygon $PQR$ ... zu einer unbegrenzten Geraden aus, so entsteht wieder eine um den Winkel $\alpha$ gedrehte Gerade. Aus einem Kreis $(M, r)$ wird ein neuer Kreis $(M', r')$, wobei $r' = m \cdot r$; $AM' = m \cdot AM$; $\sphericalangle MAM' = \sphericalangle BAC$. Aus beliebiger Kurve wird eine gestreckte, ähnliche in verdrehter Lage.

Um tiefer in die Eigenschaften der Drehstreckung einzudringen, untersuchen wir weitere Einzelheiten in dem speziellen Fall, daß die Ecke $B$ des erzeugenden Dreiecks $ABC$ sich auf einer Geraden $g$ bewegt (Figur 22). Punkt $C$ beschreibt dann als geometrischen Ort die Gerade $MN$, die den rechts liegenden Winkel $BAC$ mit $g$ bildet. Wie ist es mit anderen Punkten des Dreiecks, wie mit der 3. Seite $BC$ und Transversalen desselben? Jeder Punkt $X$, der die Grundlinie $BC$ in einem vorgeschriebenen festen Verhältnis $BX : CX = p : q$ teilt, wandert bei Änderung der Lage des Dreiecks $ABC$ auf einer um $\sphericalangle NLM = \sphericalangle BAX$ gegen $g$ gedrehten Geraden $LN$.

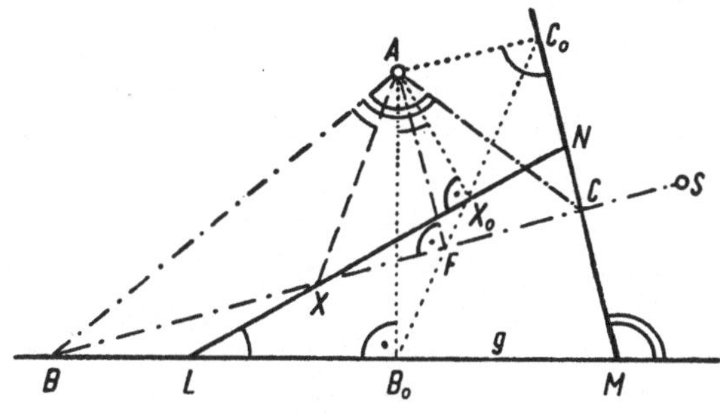

Fig. 22

Bei stetiger Änderung des Teilverhältnisses $p : q$ entsteht so eine einparametrische Schar von Geraden, zu denen auch $g$ und $MN$ zählt. Bewegt sich nun $B$ auf $g$ bis $L$ in Figur 22, so wandert $X$ auf der Geraden $LN$ gegen $N$ hin, auf welch letztere deshalb schließlich auch $C$ zu liegen kommt. Andererseits muß $C$ immer auf seinem zuständigen Ort, der Geraden $MN$, verbleiben. $C$ fällt also in $N$, wenn $B$ in $L$ ankommt. Dreieck $ALN$ ist eine mögliche Lage des Dreiecks $ABC$, $LN$ eine solche der Grundlinie $BC$. Daraus folgt:

*Satz B:* Bei der Drehstreckung deckt sich die Schar der von den Punkten $X$ der Grundlinie $BC$ bei konstantem Teilverhältnis erzeugten Geraden mit der Schar der Geraden, welche aus der Bewegung der Grundlinie $BC$ selbst hervorgeht; dies unter der Voraussetzung, daß $B$ auf einer Geraden $g$ gleitet.

Die Eigenschaften der Schar der Grundlinien resultieren aus denjenigen der von ihr umhüllten Kurve. Jede Gerade $BC$ wird erhalten als zweiter Schenkel eines konstanten Winkels $ABC = \beta$, dessen Scheitel auf $g$ wandert, während der andere Schenkel sich um einen festen Punkt $A$ dreht. Frage: Kennen wir nicht die Lösung eines ähnlichen Problems? Antwort: Ja, wenn der Winkel $\beta$ speziell ein rechter wäre, würde eine Parabel umhüllt. Wir fällen daher im Dreieck $ABC$ das Lot von $A$ auf $BC$. Der Fußpunkt $F$ beschreibt bei der Veränderung des Dreiecks $ABC$ aber selbst wieder eine Gerade $B_0C_0$, wo offenbar $AB_0 \perp g$, $AC_0 \perp MN$ ist. $BC$ ist jetzt $\perp AF$ und umhüllt also auf alle Fälle eine Parabel mit $A$ als Brennpunkt und $B_0C_0$ als Scheiteltangente, wie aus der Geometrie der Parabel bekannt ist.

*Satz C:* Bei der Drehstreckung einer Geraden $g$ umhüllt die Grundlinie $BC$ des erzeugenden Dreiecks eine Parabel mit $A$ als Brennpunkt. Scheiteltangente ist diejenige spezielle Lage von $BC$, deren Endpunkt $B$ Fußpunkt $B_0$ des Lotes von $A$ auf $g$ ist. Für ein und dieselbe Parabel gibt es eine ganze Schar solcher Erzeugungsweisen. (Je nach Wahl des Teilpunktes $X$ auf $BC$, der auf einer entsprechenden andern Geraden gleitet.)

Die in Figur 22 realisierten *speziellen* geometrischen Örter für $B$, $X$ und $C$ lehren sofort noch folgenden Satz:

*Satz D:* Alle Transversalen $BC$ eines Dreiecks $LMN$, die durch die Seite $LN$ in konstantem Verhältnis $BX : CX = p : q$ geteilt werden, umhüllen eine Parabel, welche die drei Seiten des Dreiecks $LMN$ in angebbaren Punkten berührt.

Denn nähert sich beispielsweise $BC$ mehr und mehr $g$, so wird der Schnittpunkt der beiden Geraden Berührungspunkt $W$ auf der Verlängerung von $LM$, wobei $WL : LM = p : q$.

Zugleich regt Figur 22 zur Stellung der beiden folgenden Aufgaben an:

*I. Aufgabe:* Von einem Punkte $S$ aus eine Transversale durch ein Dreieck $LMN$ so zu ziehen, daß seine Seiten auf ihr Strecken vom vorgegebenen Verhältnis $p : q$ abschneiden.

*1. Lösung* mit Hilfe von Drehstreckung (Fig. 22):

Es gilt $A$ und die Winkel des Dreiecks $ABC$ aufzufinden. Nun ist

$$\sphericalangle BAC = \sphericalangle LAN = 180° - \sphericalangle LMN.$$

Viereck $LMNA$ ist Kreisviereck. Erster geometrischer Ort für $A$ ist der Umkreis um Dreieck $LMN$. Zweiter Ort für $A$ ist der Kreisbogen über irgendeinem verschiedenen speziellen $BC$, der den gleichen Peripheriewinkel $180° - \sphericalangle LMN$ faßt, am einfachsten also über der Strecke $WM$, wo $WL : LM = p : q$ ist. Als zweiter Ort könnte auch der Kreis des Apollonius zur Strecke $WM$ für das Verhältnis $AW : AM = AB : AC = LW : NM$ gewählt werden. $NM$ ist ja als homologe *) Strecke zu $LW$ im Verhältnis $AC : AB$ verkürzt. — Da ferner $\sphericalangle ACS = 180° - \gamma = 180° - \sphericalangle ANL$, oder $\sphericalangle ABS = \beta = \sphericalangle ALN$, so bietet die Ermittlung von $C$ oder $B$ keinerlei Schwierigkeiten. (2 Transversalen als Lösung.)

*2. Lösung* gestützt auf Satz $D$ und die bekannten Parabeleigenschaften, ohne daß die Parabel selbst gezeichnet werden muß.

Da mehrere Tangenten mit Berührungspunkten bekannt sind, ergibt sich der Brennpunkt $A$ der Parabel aus Brennstrahleigenschaften sobald die Achsenrichtung feststeht. Diese stimmt überein mit der Richtung unendlich ferner Parabeltangenten. Bei der unendlichen Länge der von den Dreieckseiten auf ihnen abgegrenzten Strecken spielt die Ausdehnung des Dreiecks $LMN$ keine Rolle mehr; wir lassen es daher speziell in einen Punkt zusammenschrumpfen — etwa $M$, durch den wir die Gerade $h$ parallel zu $LN$ ziehen. Auf jeder zur unendlich fernen Tangente parallelen Geraden teilen diese 3 Strahlen durch $M$ Strecken gleichen Verhältnisses $p : q$ ab. Man braucht also nur durch einen beliebigen Punkt von $h$ eine Gerade so zu ziehen, daß die fraglichen Strecken gegen $g$ und $MN$ hin sich wie $p : q$ verhalten, um die Achsenrichtung zu erhalten, eine leicht zu lösende Aufgabe. Mit Hilfe des Berührungspunktes und des Schnittes einer der Tangenten mit der Hauptachse (durch $A$) ist auch die Scheiteltangente konstruierbar. Die Tangenten von $S$ an die Parabel, die gesuchten Transversalen, sind die Verbindungslinien von $S$ mit den Schnittpunkten von Scheiteltangente und Thaleskreis über $AS$. Die Ausführung des Lösungsgedankens beansprucht demnach lediglich Zirkel und Lineal.

---

*) D. h. die Strecke $NM$ entsteht bei der Drehstreckung aus der Strecke $LW$.

*II. Aufgabe:* Vier (nichtparallele) Geraden $g$, $h$, $i$, $k$ mit einer weiteren Geraden $x = BC$ zu durchkreuzen, daß die auf ihr abgeschnittenen Strecken sich der Reihe nach wie $p : q : r$ verhalten.

Grundgedanke der Lösung: Zu dreien der Geraden, etwa $g \equiv LM$, $h \equiv LN$, $i \equiv MN$ in Figur 22 konstruiere man wie bei Aufgabe I ein erzeugendes Dreieck $ABC$ für das Teilverhältnis $p : q$ und nehme auf $BC$ einen beliebigen Punkt $S$ an, so daß $XC : CS = q : r$ in jeder Lage von $BC$ ist. $S$ beschreibt eine Gerade, die $k$ im Punkt $D$ schneidet, durch den die Transversale durch $g$, $h$, $i$ nach Aufgabe I zu legen ist. Nur *eine* der beiden Lösungen ist bei vorgeschriebener Anordnung der Strecken zutreffend! Sie ist die gemeinsame Tangente der durch die Geraden $g$, $h$, $i$ und das Verhältnis $p : q$ definierten Parabel und derjenigen, die zu den Geraden $g$, $h$, $k$ und dem Verhältnis $p : (q + r)$ existiert. $g$ und $h$ sind gemeinsame Tangenten der beiden Parabeln. Da letztere höchstens drei gemeinsame Tangenten besitzen, verbleibt nur eine einzige von $g$ und $h$ verschiedene.

Endlich ist noch an eine Verlegung des Drehpunktes von der Ecke $A$ in einen beliebigen Punkt $D$ der Ebene zu denken, wobei nun sinngemäß die um $D$ erweiterte Figur des erzeugenden Dreiecks $ABC$ immer zu sich ähnlich bleiben soll. Die Winkel $ADB$, $BAD$, $BDC$ usf. sind demnach unveränderlich. Neben $C$ wird nun auch $A$ erzeugender Punkt, am Problemcharakter ändert sich nichts. Durchläuft $B$ eine Gerade, so auch $A$ und $C$. Es entsteht ein Dreieck, in welches lauter ähnliche Dreiecke $ABC$ einbeschrieben sind. Wir treffen damit erneut auf die Aufgabe des 9. Beispiels und zugleich auf eine neue Lösung dafür. $S$ in Figur 10 ist das Zentrum $D$ der Drehstreckung, das jetzt nach der 1. Lösung der obigen Aufgabe I bestimmbar ist, sobald es gelingt dem Dreieck $ABC$ in Figur 10 zwei verschiedene Dreiecke einzubeschreiben, die zu dem gegebenen Dreieck $PQR$ ähnlich sind (Beispiel 19). Da die Länge von $SP$ leicht bestimmt werden kann, so ist auch die Lage des einzubeschreibenden Dreiecks $PQR$ ermittelbar.

Mit dem neuen Drehpunkt $D$ wird ferner eine zweite Art von Drehstreckung möglich. Es sei in Figur 22 $\sphericalangle BAD = \alpha_1$; $\sphericalangle CAD = \alpha_2$; $\alpha_1 + \alpha_2 = \alpha$. Gleitet nun $AB$ als Tangente längs einer Kurve, so umhüllt auch $AC$ eine von $D$ aus im Maßstab $\sin \alpha_2 : \sin \alpha_1$ gestreckte und um $D$ um den Winkel $180° - \alpha$ gedrehte Kurve. Entsprechend dem Vorgehen zu Beginn dieses Beispiels braucht man nur Dreieck $DAC$ so lange um $D$ zurückzudrehen bis $AC \parallel AB$ wird, um sich von der Richtigkeit des Gesagten zu überzeugen.

*Rückblick:* Das Wesen der Drehstreckung besteht darin, daß jedem Punkt $B$ der Ebene durch einen wohldefinierten Konstruktionsprozeß für das erzeugende Dreieck $ABC$ funktional eindeutig ein anderer Punkt $C$ zugeordnet wird. Man spricht von einer Transformation oder auch einer Abbildung jedes Punktes $B$ in einen Punkt $C$. Jede Figur, jede Kurve, als eine Folge von Punkten $B$, wird dabei in ein entsprechendes Gebilde, in einen geometrischen Ort für $C$, transformiert, abgebildet. Gleichzeitig entsteht dabei auch ein geometrischer Ort von Geraden als Umhüllungsgebilde der wandernden Grundlinie $BC$.

Die Drehstreckung ist ihrer Natur nach schon Bewegungsproblem und befaßt sich mit der Erzeugung von Scharen. Für die Erschließung ihrer Eigenschaften wird demgemäß die *Abänderung der Elemente* des erzeugenden Dreiecks *durch Spezialisierung und Verallgemeinerung* methodisch beherrschend. Spezialfälle sind leichter lösbar. Das Ergebnis ihrer Lösung wurde dadurch verwertbar, daß es sich bei ihrer Erweiterung zum erörterten Problem in jedem Falle als invariant erwies. Andere wichtige Eigenschaften wurden aber erst durch die *systematisch vollständige Verallgemeinerung des Problems unter Wahrung seines grundsätzlichen Charakters* erkennbar. Sie besteht in der durch Analogieerwägungen angeregten, ganzen oder teilweisen Übertragung der Rolle der für den Abbildungsprozeß wesentlichen Punkte $A, B, C$ auf irgendwelche andere gleichberechtigte Elemente (gleicher oder verschiedener Art) in der Konfiguration des erzeugenden Dreiecks. Aus den Eigenschaften der erzeugbaren Scharen lassen sich durch Hinzunahme einer beliebigen Bedingung determinierte Probleme entwickeln, ein heuristisch nicht minder bedeutsamer Weg: zu einer Lösung mit vorgegebenen Mitteln neue Probleme aufzustellen.

### 19. Beispiel

*Aufgabe:* Einem gegebenen Dreieck $ABC$ ein anderes $DEF$ einzubeschreiben, dessen Seiten drei gegebenen Geraden $f, g, h$ paarweise parallel sind.

*Lösung:* Wir ziehen versuchsweise (Fig. 23) $E'F' \parallel g$ bei im übrigen beliebiger Annahme und sodann die beiden anderen Seiten $E'D' \parallel f$ durch $E'$ und $F'D' \parallel h$ durch $F'$. Die Ecke $D'$ fällt erwartungsgemäß nicht, wie verlangt, auf $BC$. Wir wiederholen daher den Prozeß mit andern Ausgangslagen für $E'F'$ und erhalten einen geometrischen Ort für $D'$, der sich als Gerade durch $A$ herausstellt, da alle Dreiecke $AE'D'$ zueinander ähnlich sind. ($\angle AE'D'$ ist konstant; ferner folgt aus $E'D' : E'F' = ED : EF$ und

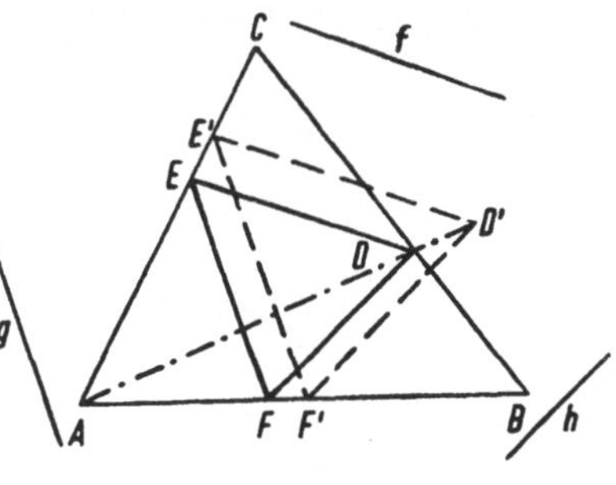


Fig. 23

$E'F' : EF = AE' : AE$ durch Multiplikation $E'D' : EF = ED \cdot AE' : EF$. $AE$ oder $E'D' : AE' = ED : AE = $ konstant.) In dem Punkt $D$, wo $AD'$ die Seite $BC$ schneidet, ist eine Ecke des gesuchten Dreiecks gefunden.

*Rückblick:* Die Inangriffnahme der Aufgabe erfolgte hier unter der Losung: „Probieren geht über Studieren." Sie drängt sich namentlich dann auf, wenn man gar nicht anders einem Problem beizukommen weiß. Der Mathematiker sucht dann um jeden Preis zunächst ein Gebilde zustande zu bringen, das einige, tunlichst jedoch möglichst viele der geforderten Eigenschaften aufweist. *Man verzichtet also zunächst auf die strenge Erfüllung gewisser Bedingungen und ersetzt sie durch geeignet erscheinende Annahmen für unbekannte Elemente, nämlich solche, mit denen zusammen ein Gebilde versuchsweise realisiert werden kann.* Die voraussichtlich vorhandene Abweichung desselben von dem ursprünglich geforderten legt dann den Gedanken nahe, *durch systematische Abänderung der Annahmen* entweder in einer diskontinuierlichen Folge von Schritten *sich mehr und mehr* und schließlich beliebig nahe, oder stetig *an das Ziel heranzuarbeiten.*

In unserem Falle hat die Annahme für ein einziges, geeignetes unbekanntes Element und ihre Veränderung zur Realisierung einer einparametrischen Figurenschar geführt, in der demnach nur eine der Bedingungen im allgemeinen verletzt ist. Das gesuchte Gebilde ist dann als Spezialfall durch die Forderung der Erfüllung auch der letzten Bedingung zu ermitteln.

Das skizzierte Verfahren legt es nahe, die *Lösung eines beliebigen Konstruktionsproblems nach dem Grundsatz einzuleiten, systematisch irgendwelche der Bedingungen, einzeln oder mehrere zugleich, vorübergehend ganz beiseite zu stellen;* mit welchem Erfolg, mögen die beiden folgenden Beispiele lehren.

## 20. Beispiel

*Aufgabe:* Durch einen Punkt $P$ innerhalb eines Kreises eine Sehne legen, die durch $P$ im gegebenen Verhältnis $m : n$ geteilt wird.

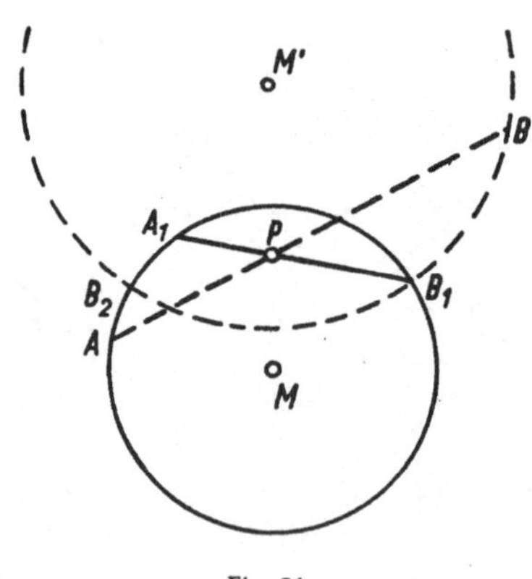


Fig. 24

Für Figur 24 und 25 bestehen demnach folgende Einzelforderungen:

1. Teilung von $AB$ im Verhältnis $m : n$.
2. a) $AM = r$; b) $BM = r$ (d. h. $AB$ ist Sehne).
3. $P$ ist Teilungspunkt.
4. $P$ ist auf $AB$ gelegen.

Die für die Aufgabe charakteristische Hauptbedingung Nr. 1 darf nie zurückgestellt werden.

*1. Lösung:* Wir sehen von der Bedingung $BM = r$ (2 b) ab und nehmen dafür $A$ variabel auf dem Kreis an. Im Einklang mit allen anderen Vorschriften ermitteln wir den Ort für $B$, der dann Verkörperung der Eigenschaft $AP : BP = m : n$ bedeutet. Er ist ein zum gegebenen Kreis perspektiv gelegener Kreis mit dem inneren Ähnlichkeitspunkt $P$, wobei $M'P : MP = m : n$ und $r' : r = m : n$. In seinem Schnitt mit dem gegebenen Kreis liegen die anderen Endpunkte $B_1$, $B_2$ der gesuchten Sehnen. Auf diese Art läßt sich auch die allgemeinere Aufgabe lösen: Durch einen Punkt $P$ zwischen einem Kreis und einer beliebigen Kurve eine Verbindungsstrecke zu ziehen, die durch $P$ im Verhältnis $m : n$ geteilt wird.

*2. Lösung:* Wir lassen die Bedingung Nr. 3 beiseite und ermitteln auf jeder Sehne durch $P$ den Teilungspunkt. Der Ort für diesen stellt sich im allgemeinen als Kurve höherer Ordnung heraus, die auch durch $P$ hindurchgeht, sobald die Aufgabe überhaupt eine Lösung zuläßt. Die gesuchte Sehne ist Tangente an die Kurve in $P$. Diese Lösungsmöglichkeit bleibt als zu verwickelt außer Betracht.

*3. Lösung:* Wir lassen jetzt gleichzeitig die zwei Bedingungen Nr. 3 und Nr. 4 unbeachtet, und treffen dafür eine zusätzliche weitere Festsetzung, was aber nur unter den besonderen Eigentümlichkeiten der vorliegenden Aufgabe zulässig ist. Für die grundsätzliche Lösung des Problems ist lediglich die gegebene Entfernung des Punktes $P$ von $M$ wesentlich; $P$ könnte gerade so gut irgendwo auf einem Kreis um $M$ mit dem gegebenen Radius $MP$ liegen, wobei Länge und Teilung der gesuchten neuen Sehne dieselben bleiben. Wir können demnach $A$ beliebig auf dem Kreis wählen und dafür die Lage von $P$ offen lassen. Diese Bemerkung gestattet uns aber dem Problem folgende Wendung zu geben: Gesucht ein Punkt $P'$, der eine Sehne durch einen Punkt $A$ eines gegebenen Kreises im Verhältnis $m : n$ teilt und von seinem Mittelpunkt eine gegebene Entfernung $e$ hat. Hier liegt eine typische Ortsaufgabe vor. Denn für $P$ sind zwei Örter angebbar:

a) Als Teilungspunkt aller Sehnen durch einen Punkt $A$ der gegebenen Kreislinie. Dieser Ort ist wieder ein Kreis in perspektiver Lage zu dem gegebenen jedoch diesmal mit $A$ als äußerem Ähnlichkeitspunkt. Er tangiert den gegebenen Kreis in $A$, sein Mittelpunkt teilt den Radius $AM$ im Verhältnis $m : n$.

b) Durch die vorgeschriebene Entfernung $MP' = e$ in Gestalt eines konzentrischen Kreises. Die so gefundene Sehne ist abschließend noch in die ursprünglich gewünschte Lage durch $P$ zu bringen.

*4. Lösung:* Wir geben gleichzeitig die *zwei* Bedingungen 2. a) und 2. b) auf, d. h. daß $AB$ Sehne in dem gegebenen Kreise ist und wählen zum Ausgleich als notwendige andere Beschränkung eine Strecke $A'B'$ beliebig, die durch einen Punkt $P'$ im Verhältnis $m : n$ geteilt werde. Das ist aber nur verwertbar wenn wir uns fürs erste mit einer ähnlichen Figur abfinden. Wir weichen durch unser Vorgehen vom ursprünglichen Problem ab, indem wir Gesuchtes (die Sehne) zum Gegebenen, Gegebenes (Kreismittelpunkt und $P$) aber zum Gesuchten machen. Die neue Fassung lautet: Gegeben eine im Verhältnis $m:n$ geteilte Strecke $A'B'$; gesucht ein Kreis mit $A'B'$ als Sehne, dessen Radius zu der Entfernung des Mittelpunktes vom Teilungspunkt in dem gegebenen Verhältnis $A'M':M'P' = AM:MP$ steht.

$M'$ liegt a) auf der Mittelsenkrechten von $A'B'$, b) auf dem Kreis des *Apollonius* zu $A'P'$ für das gegebene Seitenverhältnis $AM:MP$. Mit Hilfe des Kreises um $M'$ mit dem ursprünglich gegebenen Radius $r$ ist die Figur leicht im richtigen Maßstab zu erstellen.

5. *Lösung:* Ein neuer Zugang zur Aufgabe wird durch eine Analogiebetrachtung eröffnet. Im gleichschenkligen Dreieck $ABM$ der Probefigur 25 ist die unbekannte Basis im Verhältnis $m:n$ geteilt. Die dadurch wachgerufene Erinnerung an den Proportionalsatz veranlaßt zur Vervollständigung der Figur durch die Parallele $PQ$ zu $MB$ (vgl. $6_3$, letzter Absatz). Die Teile: $AQ = t_2 = m \cdot r : (m + n)$; $MQ = t_1 = n \cdot r : (m + n)$ sind auch konstruktiv leicht zu ermitteln. Da Dreieck $APQ$ ebenso wie Dreieck $AMB$ gleichschenklig ist, so ist auch $QP = AQ = t_2$.

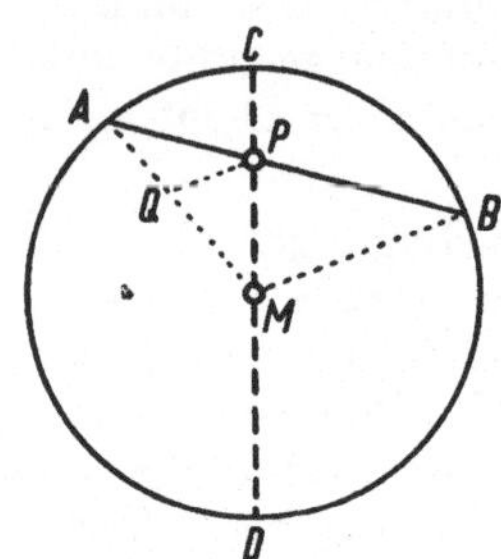

Fig. 25

Damit aber haben wir in $Q$ ein Hilfselement gefunden, in dem sich zwei realisierbare Eigenschaften konzentrieren, was bei sonst keinem Element in Figur 25 der Fall ist. $Q$ liegt im Schnitt

1. des Kreises um $M$ mit Radius $MQ = t_1$,
2. des Kreises um $P$ mit Radius $AQ = t_2$.

Die Verbindungslinie von $M$ mit $Q$ liefert $A$, diejenige von $A$ mit $P$ die verlangte Sehne.

6. *Lösung:* Und nochmals liefert uns die Analogie den Schlüssel zur Lösung. Die Probefigur, ja schon das Wort „Sehne" allein, läßt an den Sehnensatz denken und an ihn anknüpfen. Es ist

$$AP \cdot BP = CP \cdot DP \quad \text{und da} \quad BP = AP \cdot \frac{n}{m}$$

folgt
$$AP^2 = \frac{m}{n} CP \cdot DP.$$

Die bestehende formale Analogie dieses algebraischen Ausdrucks z. B. zu demjenigen des Höhensatzes im rechtwinkligen Dreieck, gestattet die Konstruktion von $AP$ als Höhe eines derartigen Dreiecks mit den Hypotenusenabschnitten $\frac{m}{n} CP$ und $DP$. Mit $AP$ ist aber auch die Lage der ganzen Sehne $AB$ bekannt.

*Rückblick:* Fallenlassen einer Bedingung kann also neben geometrischen Örtern eine Schar ähnlicher Konfigurationen ermöglichen, aber auch eine andersartige Problemstellung notwendig machen.

### 21. Beispiel

*Aufgabe:* Verwandle ein beliebig gegebenes Viereck $ABCD$ in ein flächengleiches Parallelogramm mit den gegebenen Diagonalen $e$ und $f$.

*Lösung:* Die Aufgabe besteht aus folgenden Einzelforderungen, die wir schrittweise erfüllen wollen:

1. Vorgeschriebener Flächeninhalt für die gesuchte Figur.
2. Die gesuchte Figur ist ein Viereck, bei welchem
3. das erste Paar von Gegenseiten parallel,
4. das zweite Paar von Gegenseiten parallel,
5. die erste Diagonale gleich der gegebenen Strecke $e$,
6. die zweite Diagonale gleich der gegebenen Strecke $f$ ist.

Eine zu dem gesuchten Parallelogramm gleichgeartete Ausgangsfigur (Viereck), in der einer weiteren Bedingung, nämlich dem vorgeschriebenen Flächeninhalt genügt ist, liegt definitionsgemäß bereits vor (Figur 26).

1. Schritt: Wir sorgen dafür, daß $CD \parallel AB$ wird unter Aufrechterhaltung des Flächeninhalts sowie etwa der Ecken $ABC$, so daß lediglich die Ecke $D$ abgeändert werden muß. Weil Dreieck $ABC$ fortbesteht, so auch die Fläche von Dreieck $ACD$; die Unveränderlichkeit seiner Grundlinie $AC$ zieht diejenige der zugehörigen Höhe nach sich. Für die Ecke $D_1$ gibt es sonach die folgenden Örter:

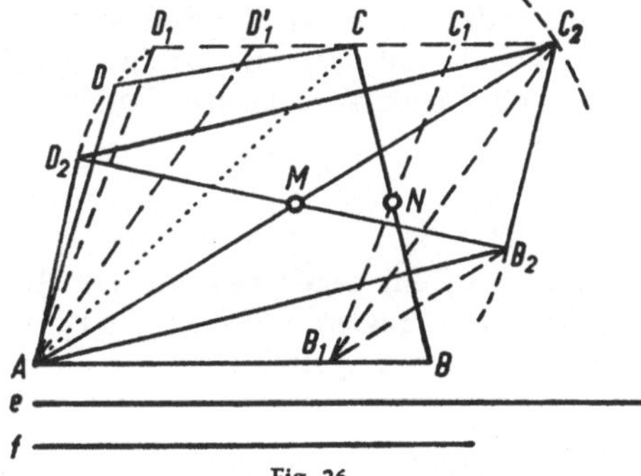

Fig. 26

a) die Parallele zu $AB$ durch $C$, b) die Parallele zu $AC$ durch $D$.

2. Schritt: Das so entstandene Trapez $ABCD_1$ ist nun in ein anderes so abzuändern, daß Inhalt und die Lage der parallelen Grundlinien erhalten bleiben, $BC$ jedoch parallel zu $AD_1$ wird. Wir erstreben dies bei Festhaltung von $AD_1$ durch Drehung des Schenkels $BC$ des Trapezes, für das Höhe und infolgedessen auch seine Mittellinie bei diesem Vorgang fest bleiben. Der neue Schenkel $BC$ als Element einer Geradenschar geht also immer durch den Mittelpunkt $N$ von $BC$. Wir ziehen $B_1C_1 \parallel AD_1$ durch $N$ und haben

damit ein, unter zahllosen andern mögliches, Parallelogramm $AB_1C_1D_1$ hergestellt, das nach Bedarf auch noch leicht in andere Parallelogramme umgewandelt werden könnte.

3. Schritt: Dieses Parallelogramm wird unter Beibehaltung der Grundlinie und damit auch seiner Höhe so verschränkt, daß die gegebene Diagonale $AC_2 = e$ eingepaßt werden kann und Parallelogramm $AB_1C_2D'_1$ die fünf ersten Bedingungen befriedigt.

4. Schritt: Dieses Parallelogramm $AB_1C_2D'_1$ ist schließlich, jetzt unter Beibehaltung der Diagonalen $AC_2 = e$ in ein anderes umzuwandeln, das auch die geforderte zweite Diagonale $f$ besitzt. Es müssen also $B_1$ und $D'_1$ wandern. Da die Diagonale $AC_2$ die Fläche des Parallelogramms halbiert, muß hierbei auch die Fläche des Dreiecks $AC_2B_2$ konstant bleiben und wegen der Unveränderlichkeit seiner Grundlinie $AC_2$ auch die zugehörige Höhe. $B_1$ verschiebt sich also auf einer Parallelen zu $AC_2$ (1. geometrischer Ort), bis es auf den Kreis um den Mittelpunkt $N$ von $AC_2$ mit halbem Radius $f$ zu liegen kommt (2. geometrischer Ort). Wir machen noch $MD_2 = MB_2$.

Parallelogramm $AB_2C_2D_2$ erfüllt somit alle Forderungen 1—6.

*Rückblick:* Für diese Lösungsmethode ist es also wichtig, sich vor jedem neuen Schritt klar zu werden, welche Stücke bei der jeweiligen Sachlage beizubehalten sind und das entstehende Teilproblem scharf zu formulieren. Nicht minder wichtig ist die Reihenfolge, in der die Bedingungen realisiert werden, soll nicht der volle Erfolg ausbleiben oder die Notwendigkeit auftreten, eine bereits realisierte Bedingung wieder rückgängig machen zu müssen.

**22. Beispiel**

*Aufgabe:* In ein gegebenes Dreieck $ABC$ ein anderes Dreieck $PQR$ einzubeschreiben, dessen Seiten $PQ$ und $PR$ paarweise parallel zu den gegebenen Richtungen $h$, $g$ sind, während die 3. Seite $QR$ eine gegebene Länge $m$ haben soll.

*1. Lösung.* 1. Schritt: Diese den Beispielen Nr. 9 und 19 verwandte Aufgabe erscheint einer Lösung zugänglicher, wenn die gegebenen Richtungen $h$ und $g$ speziell die Dreieckseiten $AB$ und $AC$ sind.

Ausgehend von dem beizubehaltenden dritten Bestimmungsstück $QR$ ziehen wir daher in der Musterfigur 27 die Parallelen $MQ$ und $MR$, die sich im Punkte $M$ treffen. Dieser erfüllt aber nicht mehr die Forderung der Lage auf $BC$. Bewegt sich aber $P$ auf $BC$, was auf eine Abänderung von $RQ = m$ hinausläuft, so beschreibt $M$ einen Ort, der sich als Gerade herausstellt, die durch die Punkte $S$ und $T$ hindurchgeht, spezielle Lagen für $M$ zu $U\,(UA \,\| \,PR)$ bzw. $V\,(AV \,\| \,PQ)$. Es ist nämlich:

1. $PV : UV = AQ : AS$ ;

2. $PV : UV = RT : AT$; folglich

3. $AQ : AS = RT : AT$; und
wegen $AQ = RM$

3.' $RM : AS = RT : AT$.

Dies besagt aber zusammen
mit $MR \parallel AS$, daß $M$ auf $ST$
liegt.

Die gestellte Aufgabe ist daher
gleichwertig mit der folgenden:
Einem gegebenen Dreieck $ATS$
ein Parallelogramm $ARMQ$ in
der bezeichneten Lage einzubeschreiben, dessen Diagonale
$QR$ die gegebene Länge $m$ hat.

2. Schritt: Der Wunsch, einen
der beiden unbekannten Punkte
$Q$, $R$ in eine bekannte Lage zu
bringen, um die Diagonale $m$
überhaupt in die Konstruktion
einschalten zu können, veranlaßt uns, durch eine Schiebung

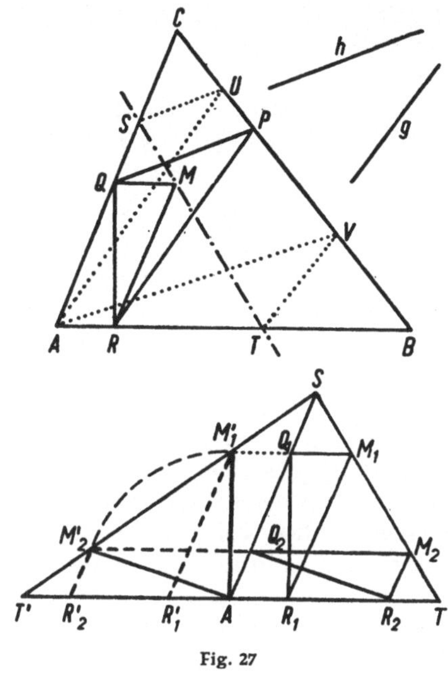

Fig. 27

nach links (Schubstrecke $R_1A$ in der Nebenfigur, in welcher die Indizes 1, 2
die beiden Lösungsmöglichkeiten für das gesuchte Parallelogramm $ARMQ$
kennzeichnen) die Diagonale $R_1Q_1$ und Parallelogramm $AR_1M_1Q_1$ in die
Lage $AM_1'$ bzw. $R_1'AQ_1M_1'$ zu bringen. Da das gesuchte Parallelogramm
$AR_1M_1Q_1$ Einzelgebilde in der Schar aller der so dem Dreieck $ATS$ einbeschriebenen Parallelogramme ist, nehmen wir eine analoge Schiebung
auch an allen anderen Parallelogrammen $RMQA$ der Schar in die Lage
$AQM'R'$ vor. Es entsteht so eine neue Schar von Parallelogrammen $AQM'R'$,
deren Eckpunkte $M'$ wieder auf einer Geraden $T'S$ liegen müssen, wobei
$M'Q = QM$ und $T'A = AT$; denn es ist ja $Q'M : T'A = MQ : TA =$
$SQ : SA$ und $M'Q \parallel T'A$. Wir stehen damit vor einer erneuten Problemumstellung:

Einem gegebenen Dreieck $AST'$ ein Parallelogramm $AQM'R'$, wie aus der
Figur ersichtlich, mit der vorgeschriebenen Länge $m$ für die Diagonale $M'A$
einzubeschreiben.

Damit ist aber die Aufgabe für die endgültige Lösung reif geworden, wie
sie aus der Nebenfigur erkenntlich ist. Es gibt im Höchstfall zwei Lagen
für $AM'$. Die Rückkehr zum ursprünglichen Problem bedarf keiner Erläuterung.

2. *Lösung:* Um im Sinne der Prinzipien des § 1 um jeden Preis etwas zu realisieren, führen wir aus Analogiegründen den Umkreis von Dreieck $PQR$ als Hilfsgebilde ein, da neben $QR$ auch Winkel $QPR$ bekannt ist. Er schneidet $BC$ zum zweiten Male in $P'$. Dreieck $QRP'$ ist aber konstruierbar aus $QR = m$, $\sphericalangle RQP' = \sphericalangle RPP'$ (bekannt); $\sphericalangle QRP' = \sphericalangle QPC$ (bekannt). Das Problem ist dadurch auf das 9. Beispiel zurückgeführt.

*Rückblick:* Bemerkenswert für die erste Lösung ist die Erzeugungsart des angestrebten Sonderfalls. In die Musterfigur wird gleichzeitig je ein Lösungsgebilde unter den allgemeinen und spezialisierten Bedingungen eingezeichnet, derart, daß die nicht abgeänderten Stücke (hier $QR$) beiden Gebilden gemeinsam sind. Natürlich können dann nicht alle Elemente des speziellen Gesuchten sich sämtlichen Bedingungen für das originale Gebilde in der Musterfigur fügen. *Bei einer eindeutigen konstruktiven Zuordnung je eines originalen und abgeänderten Elements* aber übersetzt sich eine Bedingung für das eine in eine entsprechende für das andere; *ein geometrischer Ort für jenes bildet sich in einen gleichwertigen für dieses ab.* Unter diesem Zeichen vollzieht sich das Abgehen von unserem vorliegenden ursprünglichen Problem im ersten Schritt und von da im zweiten.


### 23. Beispiel

*Erweiterung des Satzes von Beispiel 7:*

Die Schwerpunkte der gleichseitigen Dreiecke, welche über den Seiten eines beliebigen Dreiecks nach außen *oder innen* errichtet werden können, sind die Ecken eines gleichseitigen Dreiecks. Sein Schwerpunkt deckt sich immer mit demjenigen des beliebigen Dreiecks.

*Lösung:* Wir lösen die Aufgabe zunächst in einem Grenzfalle. Die Spitze $C'$ des beliebigen Dreiecks $ABC$ soll speziell auf der Grundlinie $AB$ liegen. $S'_a$, $S'_b$, $S_c$ sind in Figur 28 die Schwerpunkte der zugehörigen (nicht gezeichneten) gleichseitigen Dreiecke, wobei

$$\sphericalangle S_c AB = \sphericalangle S'_b AB = \sphericalangle S'_a BA = 30°.$$

Da $BS'_a = S'_a C' = S'_b T$; ferner $S'_a T = S_b'C' = AS'_b$ und die Dreiecke $ATS_c$ und $BTS_c$ kongruent und gleichseitig sind, fällt das ganze Dreieck $S_c AT$ nach einer Drehung von $60°$ um $S_c$ auf Dreieck $S_c TB$; $S_c S'_b$ kommt dabei auf $S_c S'_a$ zu liegen. Da somit $\sphericalangle S'_a S_c S'_b = 60°$, so ist in der Tat das Dreieck $S'_a S_c S'_b$ gleichseitig. Sein Schwerpunkt liegt auf der Transversalen von $S_c$ nach der Mitte des Parallelogramms $S'_a C' S'_b T$, also auch nach dem Mittelpunkt $M$ von $C'T$. Er muß die Strecke $MS_c$ von innen im Verhältnis 1:2 teilen. Nun sind aber $MS_c$ und $C'M'_c$ Schwerlinien im Dreieck $TC'S_c$

und erzeugen durch ihren Schnittpunkt das geforderte Teilverhältnis. Letzterer ist daher zugleich der gesuchte Schwerpunkt des Dreiecks $S_a'S_b'S_c'$. Er liegt auf $AB$ um ein Drittel von $M_c'C'$ rechts von $M_c'$. Hier befindet sich aber auch der Schwerpunkt des ausgearteten Dreiecks $ABC'$ dessen Schwerlinie eben $M_c'C'$ ist. Im Grenzfalle decken sich also die Schwerpunkte von beliebigem Dreieck $ABC'$ und gleichseitigem Dreieck $S_a'S_b'S_c$.

Zur Lösung im allgemeinen Falle lassen wir nun die Spitze $C'$ des Dreiecks aus ihrer Grenzlage geradlinig auf der Höhe $h$ zu $AB$ und stetig in die allgemeine Lage $C$ übergehen. Wir verfolgen dabei konsequent und quantitativ die zugehörigen Veränderungen aller wesentlichen Punkte der Figur, namentlich der Schwerpunkte $S_a$ und $S_b$, bis in die Endlage.

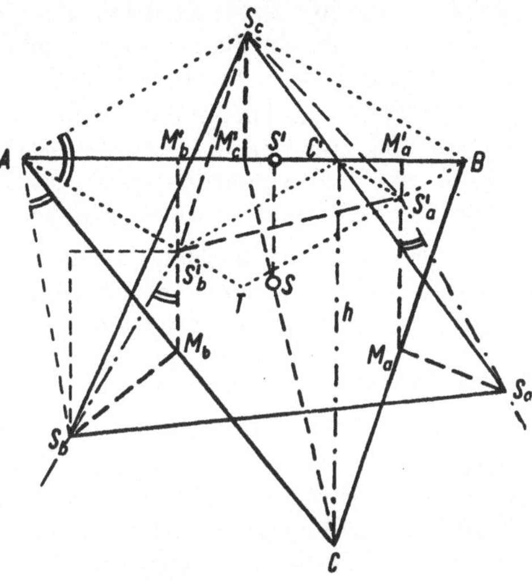

Fig. 28

Rückt $C'$ um die Strecke $h$ senkrecht nach unten, so die Mitte von $AC'$ entsprechend um $h:2$ in gleicher Richtung. Dreieck $AM_bS_b$ dreht sich dabei, immer zu sich selbst ähnlich bleibend, um Punkt $A$. Die dritte Ecke $S_b$ führt dabei eine Drehstreckung aus und beschreibt wieder eine Gerade $S_b'S_b$, die um den Winkel $M_bAS_b = 30°$ im gleichen Sinne gegen $M'_bM_b$ gedreht ist, wie $AS_b$ gegen $AM_b$. Dabei ist $S_bS'_b : M_bM'_b = AS_b : AM_b = 2 : \sqrt{3}$; $S_bS'_b = h : \sqrt{3}$. Analoges geschieht mit $S_a$ bei dem Drehzentrum $B$, so daß auch $S_aS'_a = h : \sqrt{3} = S_bS'_b$ ist. Andererseits ist:

$$\sphericalangle S_bS'_bS_c = 150° + \sphericalangle M'_bS'_bS_c = 150° + \sphericalangle S'_bS_cM_c \text{ und}$$
$$\sphericalangle S_cS'_aS_a = 210° - \sphericalangle M'_aS'_aS_c = 210° - \sphericalangle S'_aS_cM_c$$
$$= 210° - 60° + \sphericalangle S'_bS_cM_c.$$

Somit: $\sphericalangle S_bS'_bS_c = \sphericalangle S_cS'_aS_a$ und wegen: $S_cS'_b = S_cS'_a$,

$$\triangle S_bS_b'S_c \cong \triangle S_aS_a'S_c.$$

Daraus wieder folgt: $S_bS_c = S_aS_c$ und $\sphericalangle S_bS_cS_a = 60°$, weil ja die Winkel der kongruenten Dreiecke an der Ecke $S_c$ übereinstimmen. Dreieck $S_aS_bS_c$ ist also wieder gleichseitig. Während nun $S_b$ auf $S'_bS_b$ nach abwärts gleitet, vollführt auch der Schwerpunkt $S$ dieses gleichseitigen Dreiecks eine

Drehstreckung mit $S_c$ als Zentrum, da $\sphericalangle SS_cS_b = 30°$. Auch er beschreibt demnach eine Gerade, die gegen $S_bS'_b$ um $30°$ so gedreht ist, daß sie senkrecht zu $AB$ verläuft, beginnend beim Schwerpunkt $S'$ des gleichseitigen Dreiecks $S_cS_a'S_b'$ und in der Entfernung $S_bS_b' : \sqrt{3} = h : 3$, da $S_bS_b' = h : \sqrt{3}$, endend. Aber auch der Schwerpunkt des Dreiecks $ABC$ liegt um $h : 3$ senkrecht unterhalb dem gemeinsamen Grenzschwerpunkt $S'$. Die Schwerpunkte der Dreiecke $ABC$ und $S_aS_bS_c$ fallen daher stets zusammen.

Gleitet endlich $C$ auf der Höhe $h$ zurück, bis es durch $C'$ hindurch auf die Oberseite von $AB$ gelangt, so gehen die nach außen über $AC$ und $BC$ errichteten gleichseitigen Dreiecke in solche über, die nach innen hin liegen, während das unverändert gebliebene gleichseitige Dreieck über $AB$ im neuen Dreieck von selbst nach innen gerichtet ist. Damit ist der erweiterte Satz in seinem vollen Umfang bewiesen.

*Rückblick:* Der funktionale Zusammenhang zwischen Problem und seinem Spezialfall wird hier bei einer Beweisaufgabe unter Aufrechterhaltung aller wesentlichen Bedingungen in der sich wandelnden Figur durch *die Methode der stetigen Überführung* geschaffen. Diese ist dann immer von Erfolg begleitet, wenn es gelingt die Figur in stetiger Weise durch Erzeugung einer einparametrischen Schar so zu verändern, daß die betrachteten einzelnen Elemente nach Lage und Größe quantitativ verfolgt werden können. Als Parameter kann das zu spezialisierende Element ($C$) zugrunde gelegt werden, dessen Bahn aus der speziellen in die allgemeine Lage zwar prinzipiell willkürlich, tatsächlich aber immer so einfach wie nur möglich zu wählen ist. Die Methode kann *zur Erkenntnis der Erweiterungsfähigkeit des Gültigkeitsbereiches eines Satzes* führen, wie es sich hier und ferner auch etwa am Satze von der Teilung der Grundlinie eines Dreiecks durch die Halbierende des gegenüberliegenden Innenwinkels zeigt. Wenn sich die linke Dreiecksseite um die Spitze $C$ langsam im Uhrzeigersinne dreht, bis der Fußpunkt $A$ rechts von $B$ zu liegen kommt, geht der Satz in denjenigen für die Halbierende des Außenwinkels bei $C$ über. Für die Richtigkeit des neuen Satzes kann neben prinzipiellen Stetigkeitserwägungen noch geltend gemacht werden, daß aus den notwendigen Hilfslinien der Beweisfigur für den alten Satz diejenigen für den neuen entstehen.


**24. Beispiel**

*Aufgabe:* Welche Kennzeichen bestehen dafür, daß zwei Dreiecke einen gemeinsamen Schwerpunkt haben?

*1. Lösung:* Wir konstruieren zu dem Schwerpunkt $S$ des Dreiecks $ABC$, der die Schwerlinie $CM$ im Verhältnis 1:2 teilt, ein beliebiges zweites Dreieck $DEF$ mit gleichem Schwerpunkt. Seine Ecken seien durch die Strecken $BD$, $CE$ und $AF$ in bezug auf die Ecken des alten Dreiecks $ABC$

festgelegt. Der Figur 29 sind für die folgerichtig zu ziehenden Hilfslinien $FG = 2\,FM$, $MN$, $GD$ und $BD$ leicht folgende Beziehungen zu entnehmen:

$AF = GB$;   $CE = 2\,MN = GD$;

$AB \parallel GB$; $CE \parallel MN \parallel GD$;

und erhalten als Resultat den

*Satz:* Haben zwei Dreiecke gemeinsamen Schwerpunkt, so müssen die drei Verbindungslinien ihrer homologen Ecken parallel und gleich sein mit den drei Seiten eines beliebigen Dreiecks.

Dieses Dreieck ist im vorhergehenden Beispiel zum Dreieck $ABC$ ähnlich und um $30°$ gedreht.

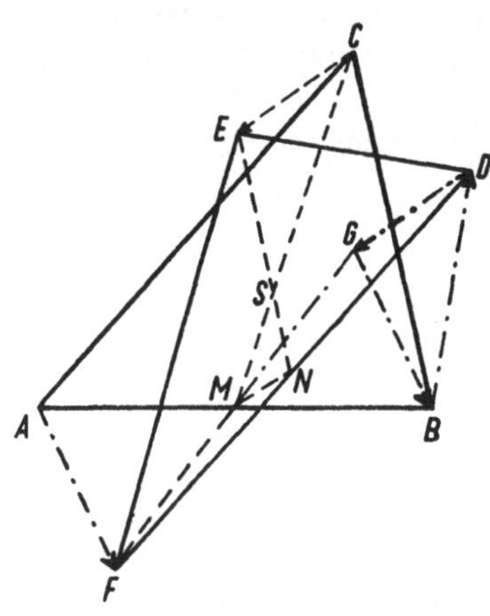

Fig. 29

*2. Lösung:* Vektorielle Betrachtung liefert noch unmittelbarer dieses Ergebnis. Ergänzt man in Figur 29 Dreieck $CSB$ zu einem Parallelogramm mit $BC$ als Diagonale, so ist dessen zweite Diagonale offenbar parallel und gleich mit $AS$. Legt man daher die Ecken der Dreiecke $A, B, C, D \ldots$ durch Vektoren $\mathfrak{a}, \mathfrak{b}, \mathfrak{c}, \mathfrak{d} \ldots$ von $S$ aus fest, so ist ;

$$1.\ \mathfrak{a} + \mathfrak{b} + \mathfrak{c} = 0\ ; \qquad 2.\ \mathfrak{d} + \mathfrak{e} + \mathfrak{f} = 0$$

und somit $(\mathfrak{f}-\mathfrak{a}) + (\mathfrak{d}-\mathfrak{b}) + (\mathfrak{e}-\mathfrak{c}) = 0$; oder:

$$3.\ \mathfrak{x} + \mathfrak{y} + \mathfrak{z} = 0\,.$$

Das ist aber die oben formulierte Bedingung für die Vektoren $\mathfrak{A\,F}$, $\mathfrak{B\,D}$, $\mathfrak{C\,E}$, die sich vektoriell ja als Differenzen der Vektoren $\mathfrak{f}-\mathfrak{a}=\mathfrak{x}$ usf. darstellen lassen.

Beweise für eine Behauptung sind auch dadurch zu erbringen, daß man die allgemeinen Kennzeichen für die vorausgesetzte Gültigkeit der ersteren in einer ausreichend erweiterten Konfiguration gleicher Art aufsucht.

## 25. Beispiel

*Aufgabe* (nach *Polya*): Gegeben die Position zweier Schiffe $S_1$ und $S_2$ und deren Geschwindigkeiten $v_1$ und $v_2$ nach Richtung und Größe. Auf welchen kürzesten Abstand nähern sie sich bei geradlinigem Kurs?

*Lösung:* Unter welchen besonderen Umständen ist die Aufgabe unmittelbar lösbar? Offenbar dann, wenn Schiff $S_1$ die Geschwindigkeit $v_1 = 0$ besäße. Der kürzeste Abstand wäre dann das Lot von $S_1$ auf die Bahn von $S_2$. Wie kann ferner dieser Sonderfall geschaffen werden? Beobachten wir die Bewegung von $S_2$ an Bord von $S_1$, so ist dieses gegenüber dem

Beobachter in Ruhe. Wir haben dann die Geschwindigkeit von $S_2$ relativ zu $S_1$ zu ermitteln. Die Zulässigkeit des Verfahrens liegt in der Relativität des Geschwindigkeitsbegriffs begründet. Wir denken uns nun eine mit $S_1$ fest verbundene horizontale Ebene, die sich also parallel in sich verschiebt

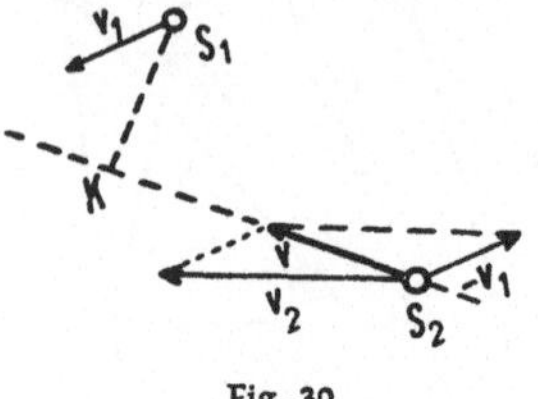

Fig. 30

(Figur 30). Jedes Wasserteilchen hat relativ zu ihr die gleich große, jedoch entgegengesetzt gerichtete Geschwindigkeit wie $S_1$, also $-v_1$. Zu ihr addiert sich für das Schiff $S_2$ vektoriell seine Eigengeschwindigkeit $v_2$ zu der konstanten Resultante $v$ relativ der neuen Bezugsebene. $S_1K$ ist der gesuchte kürzeste Abstand.

Grundsätzlich beruht die Lösung auf der Invarianz des Gesuchten gegenüber einer gleichförmigen Translationsgeschwindigkeit, die jedem Punkt der gesamten Konfiguration erteilt werden darf. Analog kann auch die Aufgabe: Durch einen Punkt $P$ einen Kreis zu legen, der zwei gegebene Geraden $g$ und $h$ berührt, mit Hilfe einer Abbildung *der ganzen Figur* durch Streckung, die $g$ und $h$ in sich überführt und $P$ auf einen beliebig angenommen festen Berührungskreis von $g$ und $h$ verschiebt, erledigt werden. (Perspektive Lage!)


*Zusammenfassung*

Drei Abänderungsarten einer Figur haben sich als besonders erfolgreich für die Erforschung funktionaler Zusammenhänge bewährt: Der Übergang von der Einzelfigur zur einparametrischen Figurenschar, die Spezialisierung, die Erweiterung.

1. *Die einparametrische Figurenschar.*

*Sie entspringt einer willkürlichen stetigen Veränderung eines einzigen Freiheitsgrades* für ein ausgewähltes Bestimmungsstück der Figur *bei voller Wahrung ihrer charakteristischen Züge.* Die übrigen Merkmale der Figur stehen in fester funktionaler Abhängigkeit von diesem Freiheitsgrad, dem Parameter der Schar, soweit sie nicht, im Einklang mit der Definition der Variation, unverändert beibehalten werden. Eine der Nutzanwendungen besteht in der *Prüfung der Erweiterungsfähigkeit erkannter funktionaler Beziehungen* auf ungewohnte Konstellationen und Abarten einer Konfiguration *durch die Methode der stetigen Überführung* (23).

*Bei Bestimmungsproblemen gründet sich die Erzeugung der Schar auf die exakt konstruktive Erstellung einer forderungsgerechten Musterfigur,* ausgehend von einer möglichen Annahme für das Gesuchte und der darauf abgestimmten Anpassung der gegebenen Stücke. Zu dem Gesuchten sind hier alle diejenigen Stücke der Figur zu rechnen, deren Lage oder Größe zunächst als ungewiß zu gelten hat. *Die Abänderung setzt an einem Merkmal des Gesuchten ein.* Sie bringt eine Verletzung der Bedingungen in der Musterfigur mit sich. *Es gibt nun zwei Möglichkeiten:*

A. *Unter allen Umständen die Erfüllung der Bedingungen durch entsprechende Abänderungen der gegebenen Stücke zu erzwingen.* Zu der Schar des Gesuchten gesellen sich so funktional gekoppelte *einparametrische Scharen gegebener Stücke* mit dem gleichen Parameter. Welche Merkmale des Gesuchten und Gegebenen festzuhalten sind und welcher seiner Freiheitsgrade als veränderlich auszuersehen ist, kann letzten Endes nur der Erfolg lehren. Systematische Vollständigkeit beim Suchen verhilft wirksam zur richtigen Auswahl. *Ziel der vorgenommenen Abänderungen ist eine Vereinfachung des Problems durch Gewinnung einfacherer Bestimmungsstücke* für ein verändertes gesuchtes Gebilde, die sich unter den Scharen des Gegebenen als Spezial- oder Grenzfälle vorfinden. Diese lösen dann als gleichwertiger Ersatz die ursprünglichen schwierigeren gegebenen Stücke ab (15, $16_1$). Vorhergehen muß die Ermittlung der Eigenschaften der funktionalen Koppelung zwischen den einander zugeordneten Scharen. Erstere drängen sich bei wiederholter konstruktiver Abänderung der Musterfigur auf. So erst lassen sich zu der beabsichtigten Wahl für eines der abgeänderten Merkmale des Gegebenen diejenigen der zugehörigen übrigen gesuchten und gegebenen Stücke erschließen (15, $16_1$).

B. *Die Verletzung der Bedingungen wird auf ein Mindestmaß, nämlich, eine einzige beschränkt;* alle andern werden unverändert beibehalten.

*Die Erkundung der Gesetzmäßigkeiten der Schar des Gesuchten stützt sich auf die* Beobachtung der *Veränderungen* a) *entweder der gemeinsamen Elemente und Merkmale von Gesuchtem und Gegebenem* ($16_{2,3}$), b) *eines einzelnen charakteristischen Elements, Punkt oder Gerade, des Gesuchten allein,* jedesmal relativ zu den gegebenen Stücken (17, 18, 19). Wie oben gibt auch jetzt das exakte zeichnerische Vorgehen bei mehrfachen Annahmen für den gewählten Parameter des Gesuchten die zuverlässige Grundlage für die Erkenntnis der Eigenschaften der Scharen ab. *Einzubeziehen sind dabei die Veränderungen der Hilfsgebilde* (Verbindungslinien, Schnittpunkte, Kreise) *die durch funktional zusammengehörige Elemente bestimmt sind* (16). Die unerläßliche Sicherung der empirisch gefundenen Beziehungen und Vermutungen erfolgt durch Beweis, der sich unter Verwertung sonstiger Anhaltspunkte im deduktiven Vorgehen zielstrebiger und schlagender erbringen läßt ($15_2$ auch 12).

Am ersichtlichsten sind in einer Figur Lageneigenschaften; weit verborgener und unzugänglicher Beziehungen metrischer Natur. Unter Benützung schon ermittelter Lageneigenschaften kann jedoch im Falle B. a) durch Fallenlassen einer andern Bedingung wie zuvor, zuweilen eine neue Schar eingeführt werden, bei der sich die metrische Eigenschaft in eine erwünschte Lageneigenschaft für das gesuchte Gebilde umsetzt ($16_2$, 16 Rückblick).

Wie im Falle A. bezweckt auch im Falle B. a) der Übergang zu einer Schar die Einführung einfacherer Bestimmungsstücke, die sich hier bald als invariante Elemente der Schar, bald aber auch vermöge der Anwendung metrischer Schareigenschaften auf gegebene Elemente enthüllen ($16_2$).

*Die Unterdrückung einer Bedingung im Falle B. b) endlich erstrebt die unmittelbare Ermittlung eines bestimmenden Elements des Gesuchten selbst.* Die einparametrische Schar besteht in einer kontinuierlichen Folge von Lagen eines einzelnen Punktes oder einer einzelnen Geraden, einem geometrischen Ort, als der allgemeinsten Realisierung der beibehaltenen Forderungen. *Die Erkundung der Schar gilt vor allem der Erkenntnis möglichst einfacher Erzeugungsweisen der Kurven und* der Verwertbarkeit anderer ihrer Eigenschaften im Rahmen des vorliegenden Problems.

*Die Methode der geometrischen Örter verlangt in der Ebene zwei Ortskurven* für ein und dasselbe Element, das als Schnittpunkt bzw. gemeinsame Tangente beiden gleichzeitig angehört. Für dieses müssen also zwei voneinander ganz *unabhängige* Eigenschaften bekannt sein, die einzeln beiseite gestellt, je einen *realisierbaren* Ort für die andere ergeben. Unabhängig soll heißen: Die Aufhebung der einen Bedingung darf nicht gleichzeitig die andere inhaltlos machen, wie es für die gesuchte Sehne im Beispiel 20 in den Bedingungen 3 und 4 zutrifft. Liegt nur eine einzige unmittelbar durch einen Ort realisierbare Forderung für das gesuchte Element vor, so ist zu überlegen, ob nicht *der fehlende zweite Ort durch Abbildung eines geometrischen Ortes für ein anderes Element* vermöge funktionaler Zusammenhänge gewonnen werden kann (17, Schluß); wenn nicht, dann ist eben ein anderes gesuchtes Element zu wählen, oder an ein geeignetes Hilfselement zu denken immer unter dem Leitspruch: *Konzentriere bei ebenen Problemen zwei voneinander unabhängige, realisierbare Bedingungen auf ein einziges Element oder Hilfselement!*

*Der Weg zu der Methode der geometrischen Örter* wird demnach immer durch die Aufforderung: *„Lasse eine Bedingung fallen"*, freigegeben. Darum ist es zweckmäßig *die Forderungen* eines Konstruktionsproblems von vornherein *in ihre Einzelheiten zu zerlegen und tabellarisch zu erfassen.* Keineswegs jedoch alle von ihnen brauchen einen geometrischen Ort zu ermöglichen, sobald sie außer Kraft gesetzt werden; wenn dies aber eintritt, so sind die Kurven oft zu kompliziert und *einfachste Mittel, tunlichst nur Kreis und Gerade,* verdienen immer den Vorzug. Dieser Gesichtspunkt ist *für die endgültige Auswahl entscheidend;* auch in der Frage, ob man, statt mit geometrischen Örtern, die Lösung nicht besser über das Studium des

Verhaltens gemeinsamer Elemente von Gesuchtem und Gegebenem nach Fall B$_a$) versuchen soll. Trifft man aber bei Unterdrückung jeder der Bedingungen durchweg nur auf schwierigere Örter (11), so vermag erst die Einführung von Hilfsgebilden, etwa mit Hilfe von Analogien, die Voraussetzungen für eine befriedigende Lösung mit Örtern zu schaffen (11). *Besondere Eigenschaften höherer Kurven können deren Konstruktion selbst entbehrlich machen* (Sonderfall 17$_2$, 18$_{I,2}$), so daß solche Örter durchaus nicht beim Aufsuchen von Lösungsmöglichkeiten von vornherein abzulehnen sind. *Liegt ein gesuchtes Element schon bedingungsgemäß auf einer gegebenen Kurve, so ist an erster Stelle gerade diese Vorschrift fallen zu lassen,* um den notwendigen zweiten Ort für das gleiche gesuchte Element zu gewinnen. (Gesuchte Tangente durch $P$ in 18$_{I,2}$; $B$ in 20$_1$.) Die Methode der geometrischen Örter kommt zur ausgiebigen Anwendung bei der Konstruktion geometrischer Konfigurationen, sobald man nach dem *Grundsatz* verfährt: *Nicht alle Bedingungen auf einmal erfüllen wollen, sondern schrittweise, eine nach der andern* (21).

## 2. Die Spezialisierung.

Die zahllos realisierbaren Figuren zu einem Problem können wie folgt klassifiziert werden:

a) *der Einzelfall,* bei dem die Figur keine andern Beziehungen unter den Elementen realisieren will oder erkennen läßt, als sie durch die Bedingungen der Aufgabe vorgeschrieben sind. Er ist das Urbild für die Musterfigur.

b) *der Spezialfall,* bei dem einzelnen Elementen noch zusätzliche Beziehungen zueinander neben den Bedingungen des Problems auferlegt werden.

c) *der Grenzfall* ist ein Spezialfall mit so reichlich vielen solchen zusätzlichen Bedingungen, daß die Konfiguration ausartet, d. h. in ein Gebilde mit verminderter Zahl von Merkmalen übergeht.

d) *der Erweiterungsfall* zu einem Problem hebt im Gegensatz zu den vorhergehenden Möglichkeiten a, b, c Beschränkungen in den Forderungen auf, allerdings nur insoweit, daß dadurch das Problem in seinem grundsätzlichen Charakter unberührt bleibt und nicht erschwert wird. Der Einzelfall ordnet sich selbst wieder dem Erweiterungsfall als Spezialfall unter (18, Schlußabsatz).

*Der Spezialfall* ist teils vermöge der verminderten Zahl unbekannter Stücke teils durch die reicheren Beziehungen leichter lösbar. Durch ihn wird *eine sachgerechte, im allgemeinen jedoch unvollkommene Analogie* zu dem ursprünglichen Problem geschaffen und ist daher nach Methode und Ergebnis für die allgemeine Erledigung desselben sehr wertvoll. Diese Analogien zeichnen sich ohne weiteres durch umfangreiche Übereinstimmungen mit dem zugehörigen Problem aus. Es versteht sich daher, daß dieses mit bester Aussicht auf Erfolg durch die Fragestellung in Angriff genommen werden kann: *„Wann, d. h. in welchen Spezialfällen, ist das Problem lösbar? Wie gelangt man von hier zu seiner allgemeinen Lösung?"* In ihr ist ausnahmslos auch die des Sonderfalles enthalten, nicht aber umgekehrt. Der Wert der Lösung des letztern beschränkt sich daher des öftern nur auf Anregungen, Vermutungen und die Überprüfbarkeit von Aussagen über die allgemeine Lösung. Je mehr gelöste verschiedenartige Spezialfälle eines Problems bekannt sind, um so entschiedenere und klarere Fingerzeige erwachsen aus den eingeschlagenen Lösungswegen für die Erledigung des allgemeinen Falles. Ursprünglich war beispielsweise das *Apollonische* Problem auf dem Wege über seine systematisch zusammengestellten zehn Sonderfälle, in denen Kreise ganz oder teilweise in Punkte und Gerade ausgeartet sind, gemeistert worden. Daneben aber sind *Zusammenhänge umkehrbar eindeutigen funktionalen Charakters* je nach Art des Problems gegeben oder herstellbar, *aus denen zwangsläufig die allgemeine Lösung aus derjenigen eines geeigneten Sonderfalles sich herleiten läßt.* Hierdurch wird diesem der Rang einer vollkommenen Analogie verliehen. *Als hinreichende Kennzeichen* dafür *sind zu nennen:*

A. Bei Aufrechterhaltung der grundsätzlichen Bedingungen des Problems *ist eine einparametrische Schar für den Komplex der gegebenen und gesuchten Stücke herstellbar,* die auch den Spezialfall als Einzelgebilde umschließt. Die Eigenschaften der Schar lassen die Abwandlung der einzelnen genannten Stücke als Funktion des Parameters quantitativ verfolgen. Die behaupteten bzw. geforderten Beziehungen der ursprünglichen Figur stehen demgemäß in umkehrbar eindeutiger funktionaler Abhängigkeit zu denen des Spezialfalls. Sie sind als Folge der geforderten Invarianz der Erzeugungsbedingungen der Schar selbst invariant ($15, 16_1, 18_A, 18_{I,2}$). Einführung einer solchen Schar deckt sich daher prinzipiell mit der *Methode der stetigen Überführung* (23). Das Gegenstück dazu in der Algebra für diskontinuierliche Zahlenfolgen ist in der vollständigen Induktion, dem Schluß von $n$ auf $n + 1$ zu erblicken.

B. *Einzelne* gesuchte Punkte der Originalfigur lassen sich etwa nach dem Vorbild von Beispiel 22 den homologen des Sonderfalls durch einen Konstruktionsprozeß in der Musterfigur zuordnen. Dadurch ist eine *Abbildung einzelner Elemente und Kurven der beiden Figuren aufeinander* geschaffen.

C. Die Konfiguration kann einem *Abbildungsvorgang* unterworfen werden, *der sich auf sämtliche Elemente derselben erstreckt, den grundsätzlichen Charakter, sowie die geforderte Eigenschaft des Problems aber invariant läßt.* Die allgemeine Lösung deckt sich dann mit der des erzeugten einfachen Spezialfalls.

D. *Der Zusammenhang gründet sich* nicht auf einen einzigen Spezialfall, sondern *auf mehrere gleichartige Sonderfälle, die gleichzeitig entstehen, sobald Spezialisierungsmaßnahmen in einer Musterfigur vorgenommen werden.* Die Beziehungen zur allgemeinen Lösung sind dann als einfache Operationen häufig ersichtlich. Der Satz: „Der Peripheriewinkel im Kreise ist gleich der Hälfte des zugehörigen Zentriwinkels", ist leicht zu beweisen, wenn der eine Schenkel durch den Kreismittelpunkt geht. Der allgemeine Peripherie- und Zentriwinkel entsteht aber aus zwei derartigen Sonderfällen durch Addition bzw. Subtraktion. Ähnlich ist die Sachlage bei dem Satz: „Die Flächen ähnlicher Vielecke wachsen mit dem Quadrat der linearen Vergrößerung", der für ähnliche Dreiecke als gültig bekannt ist. Ähnliche Vielecke aber lassen sich aus paarweise ähnlichen Dreiecken zusammensetzen. Vgl. auch Beispiel $1_2$.

3. Der volle funktionale Gehalt einer Problemstellung ist erst durch die mannigfach möglichen *Erweiterungsfälle* zu erschließen. Der Weg zu ihnen führt über die *Aufhebung bekannter spezieller Verhältnisse,* Abwandlung der Problemstellung durch *Analogiebetrachtungen* (18), *Überprüfung der Notwendigkeit der Voraussetzungen für besondere Erkenntnisse,* die in einem Lösungsprozeß auftreten (7) oder in einem Satz als Behauptung niedergelegt sind (23/24). Aufhebung unwesentlicher Beschränkungen für gegebene Stücke, wie für die Lage der Punkte $A$ und $B$ in Beispiel 13, liefert neue Einblicke und damit Anregungen zur Lösung einer Aufgabe. Wichtig ist auch die *unbegrenzte stetige Veränderung gesuchter Stücke* unter vorübergehendem Abweichen von den Forderungen und die anschließende schrittweise Rückkehr zu ihnen *zum qualitativen Absuchen der Musterfigur nach prinzipiellen Lösungsmöglichkeiten* (13, 16).

4. Endlich ist schon die Vorstellung einer verallgemeinerten Figur durch Abänderung gegebener Stücke (z. B. Ersatz einer Geraden durch einen Kreis, der speziellen Lage eines Elements durch eine davon abweichende usf.) geeignet darauf aufmerksam zu machen, welchen unerläßlichen Voraussetzungen im Laufe eines Lösungsprozesses noch Rechnung zu tragen ist (13).

Durch die erleichterte Lösbarkeit des Spezialfalles rechtfertigt sich ein bemerkenswerter *Grundsatz,* dem beim Herantreten an eine Aufgabe nicht gebührend genug Rechnung getragen werden kann:

*Jede Lösung eines Problems hat gerade von den geeigneten speziellen Verhältnissen in Forderungen und Gegebenheiten auszugehen.*

Erstes Erfordernis muß es daher sein, sich über die Besonderheiten in den Bedingungen klar zu werden. Sie sind zu erblicken in Übereinstimmungen nach Lage oder Größe, allgemein in auffälligen funktionalen Verknüpfungen zwischen Elementen im Vergleich zu denjenigen verwandter Konfigurationen. Besonderheiten pflegen nun freilich vielfältig bei jedem Problem vorhanden zu sein. Numerische Werte für gegebene Stücke sind an und für sich schon meist hinreichend, einer Aufgabe einen speziellen Charakter aufzuprägen; so daß, zumindest unter praktischen Gesichtspunkten, die Lösung häufig einen erheblich bescheideneren Aufwand an Arbeit oder darüber hinaus noch an Mitteln beansprucht. Deshalb sind in der Algebra eigens Verfahren zur Auflösung numerischer Gleichungen ausgebildet worden. Eine allgemein gültige Methode zur Dreiteilung eines Winkels — unabhängig von dem jeweiligen Einzelwert für seine Größe — kann ohne höhere Kurven nicht auskommen. Sie benötigt beispielsweise den Schnitt eines Kreisbogens um den Scheitel des Winkels mit einer Hyperbel als dem geometrischen Ort für die Spitzen aller Dreiecke mit der Sehne des zugehörigen Kreissektors als Grundlinie, in welchen ferner der eine Basiswinkel immer doppelt so groß wie der andere ist. Für *zahllose* andere Winkel jedoch z. B. von der Größe $3 \cdot 3\,m : 2^n$ Grad, wo $n$ und $m$ beliebige ganze positive Zahlen bedeuten, reichen Zirkel und Lineal zur Dreiteilung aus, da ja der Winkel $3° = (60° - 36°) : 8$ prinzipiell (mit Hilfe des regulären Zehnecks) konstruierbar ist, also auch der Winkel $3\,m : 2^n$. Allerdings können sich mit wachsendem $m$ und $n$ ($m$ immer als ungerade vorausgesetzt!) die konstruktiven Einzeloperationen unerträglich vermehren.

Zur Illustration der Vereinfachungen durch die Ausnützung spezieller Umstände sei z. B. aus der Algebra die einfache Gleichung angeführt:

$$\frac{2}{x-3} + \frac{7}{x-5} = \frac{2}{x-4} + \frac{7}{x-6}.$$

Sie weist als auffällige Besonderheit die paarweise Gleichheit der Zähler und des ersten Gliedes $x$ der Nenner auf. Diese Feststellung regt zur erfahrungsgemäß zweckmäßigen Zusammenfassung je zweier Glieder gleichen Zählers zu je einem Bruch an, wobei eine Vereinfachung durch Wegfall von Gliedern mit $x$ in den beiden Zählern erzielt wird. Daher ist dieses Vorgehen demjenigen vorzuziehen, das ohne weitere Überlegung auf die sofortige Beseitigung aller Nenner (durch Multiplikation mit dem Hauptnenner) ausgeht. Für geometrische Verhältnisse ist bezeichnend das 11. Beispiel, dessen einfache Lösung auf der Besonderheit eines rechtwinkeligen Dreiecks fußt. Nicht darauf zurückgreifen ist gleichbedeutend mit der Lösung eines verallgemeinerten Problems für ein beliebiges Dreieck, die bedeutend schwieriger ist, wie sich später zeigen wird (44). *Grundsätzlich nutzbar sind nach alledem nur diejenigen Besonderheiten, welche erfahrungsgemäß Vereinfachungen voraussehen lassen oder für welche hinreichend viele Beziehungen zu den gesuchten Stücken in Gestalt von Sätzen bekannt sind.* Als eindrucksvolle Erläuterung bringen wir schließlich noch das

## 26. Beispiel

*Aufgabe:* Gegeben eine Parabel $y^2 = 2px$ und ein Kreis vom Radius $r$ mit dem Brennpunkt der Parabel als Mittelpunkt. Gesucht die Gleichungen der gemeinsamen Tangenten und die Berührungspunkte der letzteren.

*Lösung:* Entwerfe vordringlich eine exakte Figur im geeigneten Maßstab! Zeichne darin eine gemeinsame Tangente (Figur 31)! Ein Blick in die Figur und die Lösung läßt sich erraten.

Der allgemeine Weg zur Auffindung einer gemeinsamen Tangente besteht in der Aufstellung zweier Gleichungen zwischen den Koordinaten $x_P$, $y_P$ und $x_K$, $y_K$ der beiden Berührungspunkte mit Parabel und Kreis durch Koeffi

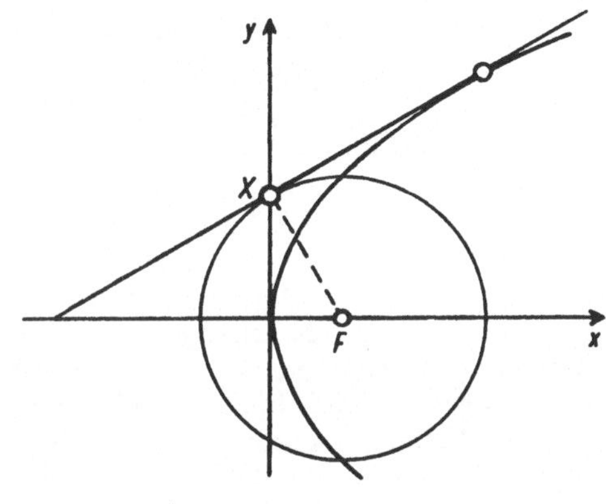

Fig. 31

zientenvergleich auf Grund der zu fordernden Indentität der für beide Kurven anzusetzenden Tangentengleichungen. Da die Berührungspunkte gleichzeitig die beiden Kegelschnittgleichungen erfüllen, existieren 4 Gleichungen für vier Unbekannte. Die Elimination dreier derselben ergibt im allgemeinen eine Gleichung vierten Grades für die übrigbleibende Unbekannte. Dieses rein rechnerische Verfahren ist undurchsichtig und weitschweifig, ein Zeichen, daß man auf falschem Wege ist. Bei der diskutierten Aufgabe liegen aber auffällige spezielle Gegebenheiten vor: Der Parabelbrennpunkt ist Kreismittelpunkt. Sofort erhebt sich die Frage nach den Beziehungen zwischen diesen besonderen Elementen und den Tangenten. Eine der bekanntesten Fokaleigenschaften für einen Brennpunkt wird aber durch das Lot von diesem auf die Tangente vermittelt.

Fällt man daher das Lot $FX$ von $F$ auf die gemeinsame Tangente, so muß sein Fußpunkt $X$ auf der Scheiteltangente der Parabel (hier die $y$-Achse) liegen. $X$ ist andererseits aber Berührungspunkt der Tangente mit dem Kreis und somit als Schnitt von $y$-Achse und Kreis ohne weiteres bekannt:

$$x_K = 0; \qquad y_K^2 = r^2 - \frac{p^2}{4}; \; y_K = \pm \frac{1}{2}\sqrt{4r^2 - p^2}, \quad \text{da } \frac{p}{2}\text{ die Brennweite ist.}$$

Die gemeinsame Tangente ist zugleich Kreistangente in $X(0, y_K)$; oder Lot zu $FX$ in $X$.

Ihre Gleichung ist daher sofort anzuschreiben:

$$- \frac{p}{2} \cdot \left( x - \frac{p}{2} \right) + y_K\, y = r^2 .$$

Der Schnittpunkt der Tangente mit der $x$-Achse liegt bei

$$x = - (4\,r^2 - p^2) : 2\,p ,$$

ihr Berührungspunkt mit der Parabel also bei

$$x_P = + (4\,r^2 - p^2) : 2\,p; \quad y_P = \pm \sqrt{4\,r^2 - p^2} .$$

Die Befolgung des geometrischen Lösungsgangs hat eine ersichtlich knappe und klare Linienführung für die Rechnung ermöglicht.

*Ausblick:* Auf analoge Weise lassen sich immer die gemeinsamen Tangenten aller Kegelschnitte rechnerisch ermitteln, die einen Brennpunkt $F$ gemein haben. Der Fußpunkt $X$ des Lotes von $F$ auf eine gemeinsame Tangente ergibt sich als gegenseitiger Schnitt der Scheitelkreise der Ellipse bzw. Hyperbel bzw. der Scheiteltangente der Parabel (als dem Ort der Fußpunkte der Lote von dem Brennpunkt $F$ auf eine Tangente). Die gemeinsamen Tangenten sind durch $X$ und $F$ rechnerisch und konstruktiv festgelegt. Die Berührungspunkte ergeben sich am einfachsten als Schnittpunkte dieser Tangenten mit den Polaren jedes der Kegelschnitte zu dem Schnittpunkt der Tangenten als Pol. Hierbei wird der rechnerisch umständlichere Weg des Schnitts mit der Kurve selbst vermieden.

## § 3.  Ändere das Problem ab!

Die Lösung einer Aufgabe ist, wie wir sahen, nicht denkbar, ohne daß wir fortgesetzt die Problemstellung einer Abänderung unterwerfen. Sie geht Hand in Hand mit der Erweiterung des Kreises der bekannten Beziehungen, sobald ein Fortschritt erzielt worden ist, und durch die so ermöglichten neuen Voraussetzungen, unter denen an die Aufgabe herangetreten werden kann. Wenn wir aber im folgenden von der Abänderung eines Problems sprechen, so ist darunter eine solche zu verstehen, die von vornherein vorzunehmen ist, um einen Zugang zur Lösung zu eröffnen. Jeder Lösungsgedanke verleiht erst einem Problem die erforderliche schärfere Prägung seines Inhalts. *Daher gilt es zunächst auch alle Lösungsmöglichkeiten abzuwägen und dann erst sich für eine erfolgversprechende zu entscheiden.* Das gilt auch im Hinblick auf die prinzipielle Verfahrensart: ob analytisch, vektoriell oder zeichnerisch. Gelegentlich muß schon die Formulierung der Aufgabe anders gefaßt werden (vgl. Seite 8).

Im umfassendsten Sinne besteht die *Abwandlung eines Problems* in der *Aufstellung eines neuen Problems, dessen Bedingungen im Gegebenen wie Gesuchten in einem eigens zugrunde gelegten, realisierbaren Zusammenhang zu denjenigen des ursprünglichen Problems stehen. Die Umstellung des letzteren ist also gleichbedeutend mit der bewußten, aktiven Erzeugung einer auswertbaren Analogie.*

Spezialfälle invarianten Charakters und Erweiterungsfälle sind hierher zu rechnen. Im allgemeinen aber führt die Umstellung einer Aufgabe zu oft recht fernliegenden Analogien.

### 27. Beispiel

Löse die Gleichungen:

$$G_1: \quad x^2 + 2a_1xy + b_1y^2 + 2c_1x + 2d_1y + e_1 = 0.$$
$$G_2: \quad x^2 + 2a_2xy + b_2y^2 + 2c_2x + 2d_2y + e_2 = 0.$$

*Lösung:* Diese erfordert etwa $x$ aus $G_1$ auszurechnen und in $G_2$ einzusetzen. Die Rechnung ist wegen der auftretenden lästigen Quadratwurzel und der Notwendigkeit ihrer Beseitigung durch Quadrieren umständlich. Mit der Erkenntnis eines Mißstandes muß der Wille zur sofortigen Behebung desselben untrennbar verbunden sein. Es erhebt sich daher die Frage: In welchem Spezialfall läßt sich eine Gleichung zweiten Grades mit zwei Unbekannten nach einer der letztern unter Vermeidung einer Quadratwurzel auflösen? Sicher dann, wenn ein quadratisches Glied ($x^2$ oder $y^2$) fehlt. Dieser Fall ist aber leicht durch Subtraktion von $G_1$ und $G_2$ herzustellen; er führt durch Elimination von $x$ auf eine Gleichung vierten Grades in $y$, die selbst erst etwa nach Beispiel 29 aufzulösen wäre. Zur Prüfung einer weiteren Möglichkeit fassen wir die Glieder einer allgemeinen quadratischen Gleichung nach fallenden Potenzen von $x$ zusammen und lösen auf:

$$x^2 + 2x(ay + c) + by^2 + 2dy + e = 0. \tag{1}$$
$$-x = ay + c \pm \sqrt{y^2(a^2 - b) + 2y(ac - d) + c^2 - e}. \tag{1'}$$

Unter der Bedingung:

$$(ac - d)^2 - (a^2 - b)(c^2 - e) = \begin{vmatrix} l & a & c \\ a & b & d \\ c & d & e \end{vmatrix} = 0 \tag{2}$$

erweist sich der Ausdruck unter der Wurzel als Quadrat einer linearen Funktion von $y$, und der quadratische Ausdruck (1) als Produkt zweier linearen Ausdrücke in $x$ und $y$. Dieser Sonderfall aber läßt sich aus den beiden gegebenen Gleichungen $G_1$ und $G_2$ dadurch herstellen, daß wir eine neue Gleichung: $G_1 + tG_2 = 0$ bilden mit den Koeffizienten: $1 + t$, $a_1 + ta_2$, $b_1 + tb_2$ usf. und $t$ so bestimmen, daß der Bedingung (2) genügt wird:

$$\begin{vmatrix} l + t & , & a_1 + ta_2, & c_1 + tc_2 \\ a_1 + ta_2, & b_1 + tb_2, & d_1 + td_2 \\ c_1 + tc_2, & d_1 + td_2, & e_1 + te_2 \end{vmatrix} = 0. \tag{3}$$

Jeder Lösungswert dieser Gleichung 3. Grades für $t$ gestattet mit Hilfe je einer linearen Gleichung (1') und einer der beiden Gleichungen $G_1 = 0$ oder

$G_2 = 0$ für $x$ und $y$ zugleich die Auflösung derjenigen Gleichung 4. Grades, die sich nach der oben erwähnten ersten Möglichkeit für $y$ aufstellen läßt. Bei Verwendung zweier Wurzeln $t_1$ und $t_2$ und der beiden zugehörigen linearen Gleichungspaare nach (1) gestaltet sich die Auffindung von $x$ und $y$ noch übersichtlicher.

Bei vorstehendem Beispiel aus der Algebra wird die befriedigende Lösung auf dem Wege über einen Spezialfall erhalten, dessen Wahl sich aus einer ersichtlichen Möglichkeit zur Umgehung einer formalen Schwierigkeit anbietet.

### 28. Beispiel

(Diophantische Gleichung). Suche die ganzzahligen Lösungen für die Unbekannten $x$, $y$ der Gleichung

$$12\,x - 53\,y = 71. \tag{1}$$

*Lösung:* Wann ist eine allgemeine derartige lineare Gleichung mit ganzzahligen Koeffizienten $ax + by = c$ ganzzahlig lösbar? $a$ und $b$ sollen teilerfremd sein. Zu jedem möglichen $y$ muß sich ein ganzzahliges $x$ errechnen lassen: $x = (c - by) : a$ und das ist sicher möglich sobald $a = 1$ ist (bei beliebigem ganzzahligem $y$).

Eine solche diophantische Gleichung ist also ohne weiteres lösbar, wenn der Koeffizient einer der Unbekannten 1 ist.

Wie können wir die vorliegende Gleichung in diesen Spezialfall überführen? Es ist

$$x = \frac{53\,y + 71}{12} = 4\,y + 5 + \frac{5\,y + 11}{12}.$$

Daraus folgt, daß

$$u = \frac{5\,y + 11}{12}$$

wieder eine ganze Zahl sein muß, und Lösung einer neuen diophantischen Gleichung:

$$5\,y - 12\,u = -11. \tag{2}$$

Wir haben zwar den erstrebten Spezialfall nicht erhalten, immerhin liegt Gleichung (2) infolge der kleineren Koeffizienten dem Ziel näher und es steht zu erwarten, daß bei fortgesetzter Wiederholung der gleichen Schlußweise und des Divisionsverfahrens mit jeweils dem kleineren Koeffizienten einer der beiden Unbekannten wir schließlich doch ans Ziel kommen. So erhalten wir der Reihe nach

$$y = 2\,u - 2 + \frac{2\,u - 1}{5}\,; \quad \frac{2\,u - 1}{5} = v$$

$$2\,u - 5\,v = 1\,; \quad u = 2\,v + \frac{v + 1}{2}\,; \quad \frac{v + 1}{2} = w \tag{3}$$

$$v - 2\,w = -1\,; \quad v = 2\,w - 1. \quad (w = 0,\ \pm 1;\ \pm 2;\ \ldots) \tag{4}$$

In Gleichung 4 sind wir auf den lösbaren Sonderfall gestoßen, aus dem sich, indem wir die Entwicklungsreihe rückwärts durchlaufen, schließlich die allgemeinsten Lösungswerte für die Unbekannten $x$ und $y$ ergeben:

$$u = 5w - 2 \tag{3'}$$
$$y = 12w - 7 \tag{2'}$$
$$x = 53w - 25. \quad (w = 0, \pm 1, \pm 2 \ldots) \tag{1'}$$

In den beiden letzten Relationen (2') und (1') ist das allgemeinste Lösungspaar $x$, $y$ gefunden.

*Rückblick:* Eine wirksame Problemumstellung wird demnach unter folgenden Voraussetzungen möglich: 1. Feststellung eines lösbaren Spezialfalls. 2. Zurückführbarkeit des Problems auf einen gleichartigen Einzelfall vermöge eines aus den Forderungen (hier Ganzzahligkeit!) sich ergebenden Prozesses (Division!). 3. Dieser Einzelfall muß im Vergleich zum ursprünglichen Problem eine Annäherung an den Spezialfall erkennen lassen. 4. Die deshalb angezeigte fortgesetzte Wiederholung des Abänderungsprozesses erzeugt dann einen einfachsten Einzelfall oder den lösbaren Spezialfall.

### 29. Beispiel

Auflösung der Gleichung vierten Grades:

$$x^4 + 4ax^3 + 6bx^2 + 4cx + d = 0. \tag{1}$$

*Lösung* (nach *Bardey*): Wann könnte ein derartiges Problem gelöst werden? Die Beantwortung der Frage ist innig verknüpft mit jener nach allen erdenklichen Erzeugungsweisen eines Polynoms vierten Grades etwa als Produkt usf., oder auch nach lösbaren Spezialfällen eines solchen Aggregates und deren grundsätzlichen Verallgemeinerung, welche die Rückkehr zum allgemeinen Fall gewährleisten. Die Auswahl unter allen Möglichkeiten ist so zu treffen, daß sich zu der Erzeugungsweise auch die der Auflösbarkeit gesellt. Solches systematische Vorgehen führt zu der erörterungswerten Möglichkeit, daß eine Gleichung vierten Grades lösbar ist, sobald es gelingt das Polynom in zwei quadratische Faktoren zu zerlegen. Jeder einzelne von ihnen gleich Null gesetzt, würde die Werte für $x$ als Wurzeln quadratischer Gleichungen ermitteln lassen. Wie ist die Zerlegung dazu noch am einfachsten zu bewerkstelligen? Offenbar, wenn das Polynom auf die Form $P^2 - Q^2$ gebracht werden könnte. Wir schreiben demgemäß für (1)

$$(x^2 + 2ax + b + 2t)^2 - (2Nx + M)^2 = 0 \tag{2}$$

wo $t$, $N$, $M$ so zu bestimmen sind, daß die linke Seite mit dem Polynom (1) identisch wird. Für die Koeffizienten von $x^2$, $x$ und das konstante Glied ergeben sich durch Vergleich 3 Gleichungen für die 3 Hilfsgrößen $t$, $M$, $N$.

$$N = \sqrt{a^2 - b + t}; \tag{3}$$
$$M = \sqrt{(b + 2t)^2 - d} \tag{4}$$
$$MN = a(b + 2t) - c \tag{5}$$

und durch Elimination von $MN$ eine Bestimmungsgleichung für $t$:

$$[(b + 2t)^2 - d] \cdot [a^2 - b + t] = [a(b + 2t) - c]^2,$$

eine Gleichung dritten Grades in der schon für ihre Lösung geeigneten vereinfachten Form:

$$4t^3 - (d - 4ac + 3b^2)t + bd + 2abc - c^2 - a^2d - b^3 = 0. \tag{6}$$

Der nicht von vornherein verständliche Ansatz $b + 2t$ für das eine konstante Glied in (2) erweist sich demnach als zweckmäßig.

Eine einzige Wurzel $t$ genügt zur Auffindung von $M$, $N$ und damit der quadratischen Faktoren

$$x^2 + 2(a \pm N)x + b + 2t \pm M = 0.$$

Es können aber auch alle 3 Wurzeln $t_1$, $t_2$, $t_3$ von (6) und die zugehörigen Werte $N_1$, $N_2$, $N_3$ herangezogen werden. Wenn wir berücksichtigen, daß noch nicht feststeht, welche Werte von $x$ mit $x_1$, $x_2$ usw. bezeichnet werden sollen, so können wir nach Vieta setzen:

$$x_1 + x_2 = -2(a + N_1); \qquad x_3 + x_4 = -2(a - N_1) \, ;$$
$$x_1 + x_3 = -2(a + N_2); \qquad x_2 + x_4 = -2(a - N_2) \, ;$$
$$x_1 + x_4 = -2(a + N_3); \qquad x_2 + x_3 = -2(a - N_3).$$

Durch Kombination je dreier dieser Gleichungen stellen sich die Wurzeln in geschlossener Form dar:

$$x_1 = -a - N_1 - N_2 - N_3; \qquad x_4 = -a + N_1 + N_2 - N_3. \, ;$$
$$x_3 = -a + N_1 - N_2 + N_3; \qquad x_2 = -a - N_1 + N_2 + N_3$$

$N$ ist nach (3) doppeldeutig. Es ist ersichtlich, daß die Vorzeichen für die drei $N$-Werte nicht beliebig, sondern gekoppelt sein müssen. Wir wollen uns aber mit diesem Hinweis begnügen.

*Rückblick:* Die Herstellung des lösbaren vollkommenen Analogons beruht hier auf der Aufsuchung eines *denkbar einfach* lösbaren Spezialfalles und seiner anschließenden Erweiterung durch Einführung formal geeigneter Hilfsglieder mit unbestimmten Koeffizienten, deren Wahl die Rückkehr zum ursprünglichen algebraischen Problem gestattet. Die Umstellung besteht in einer reinen Umformung der Schreibweise der Gleichung.

### 30. Beispiel

Ein Dreieck zu konstruieren, dessen drei Höhen $h_a$, $h_b$, $h_c$ gegeben sind.

*1. Lösung:* In den gegebenen Höhen liegen keine Stücke vor, die eine unmittelbare Konstruktion des Dreiecks aus ihnen als durchführbar ersehen lassen. Es bleibt nichts übrig als zu Hilfselementen zu greifen, die einerseits in realisierbarer Beziehung zu den Höhen stehen, andererseits aber auch die Konstruktion des Dreiecks selbst erlauben. Als solche Hilfsgrößen bieten sich die Dreieckseiten selbst dar, die mit den Höhen durch die Proportionen verknüpft sind

$$a : c = h_c : h_a; \qquad b : c = h_c : h_b,$$

und die ein ähnliches Dreieck zu konstruieren gestatten. Bei beliebiger Annahme von $c$ konstruieren wir auf Grund der 1. Proportion die Seite $a$, der 2. Proportion die Seite $b$ nach dem Proportionalsatz. Das Dreieck ist dann in ein ähnliches abzuändern, in dem auch *eine* seiner drei Höhen die vorgeschriebene Länge hat.

*2. Lösung:* Eine elegante Ausführung der 1. Lösung folgt aus der Umwandlung und Zusammenfassung der genannten vorstehenden umgekehrten Proportionen in die fortlaufende:

$$h_a : h_b : h_c = \frac{1}{a} : \frac{1}{b} : \frac{1}{c}.$$

Auf den funktionalen Gehalt dieser Formel stützt sich die *Nutzanwendung,* daß 3 Größen, die sich wie die reziproken Werte dreier anderer Größen $a$, $b$, $c$ verhalten, als Höhen eines Dreiecks zu finden sind, dessen Seiten gleich $a$, $b$, $c$ oder einem vielfachen davon gemacht werden. Wir sollen nun aber ein ähnliches Dreieck ermitteln, dessen gesuchte Seiten mit den gegebenen Höhen durch die fortlaufende Proportion verbunden sind:

$$a : b : c = \frac{1}{h_a} : \frac{1}{h_b} : \frac{1}{h_c}.$$

$a$, $b$, $c$ ergeben sich also selbst wieder als Höhen $H_a$, $H_b$, $H_c$ eines Dreiecks mit den Seiten $h_a$, $h_b$, $h_c$. Ein neuerlich gezeichnetes Dreieck mit den Seiten $H_a$, $H_b$, $H_c$ ist zum gesuchten Dreieck ähnlich (vgl. Beispiel 40).

Der Gedanke zur Abwandlung des ursprünglichen Problems in ein anderes entspringt hier der Kenntnis eines bestehenden realisierbaren Zusammenhangs der gegebenen Bestimmungsstücke der Konfiguration zu anderen Hilfselementen, mit denen das Problem lösbar ist.

### 31. Beispiel

*Aufgabe:* Konstruiere ein Sehnenviereck aus seinen vier gegebenen Seiten $a$, $b$, $c$, $d$.

*Lösung:* Die Erfassung des Begriffs Sehnenviereck durch die Eigenschaft $\beta + \delta = 180°$ macht die geometrische Realisierung der letzteren notwendig.

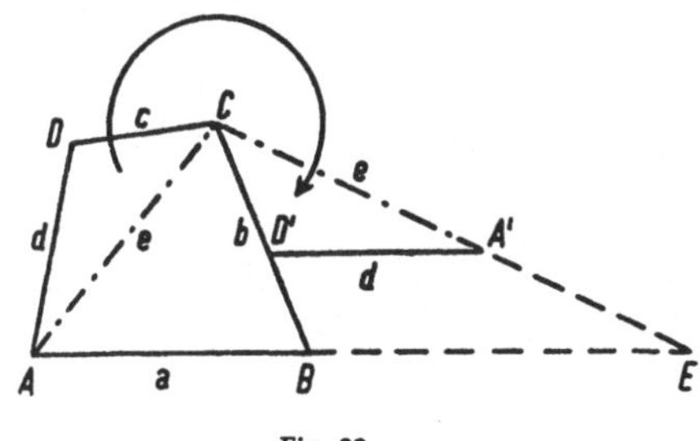

Fig. 32

In dieser Absicht drehen wir in Figur 32 Dreieck $ACD$ um $C$ in die Lage $CA'D'$, wobei dann $A'D' \parallel AB$ werden muß. Das entstandene Fünfeck $ABCD'A'$ ergänzen wir zu einem einfacheren Gebilde, dem Dreieck $ACE$, indem wir Dreieck $CA'D'$ durch Streckung in Dreieck $BEC$ überführen. Es wird

$$CE : CA' = BC : CD' = b : c, \text{ oder}$$
$$CE : CA \;\;= b : c, \text{ und}$$
$$BE : D'A' = BE : d = b : c.$$

Wir erhalten so das neue Problem:

Ein Dreieck $AEC$ mit bekannter Grundlinie $AE$ zu konstruieren, dessen Eckpunkt $C$ von einem gegebenen Punkte $B$ auf $EA$ die bekannte Entfernung $b$ und ein bekanntes Entfernungsverhältnis von den Punkten $A$ und $E$ hat, eine Aufgabe, deren Lösung den Kreis des *Apollonius* benötigt.

*Rückblick:* Die notwendige Abänderung des Problems ergab sich durch geometrische Realisierung einer definierenden Eigenschaft in der Musterfigur, verbunden mit deren weiterer Ausgestaltung zu einem möglichst einfachen Gebilde.

### 32. Beispiel

*Aufgabe:* Konstruiere einen Kreis, der auf den eventuell zu verlängernden Seiten $AB$ und $BC$ eines Dreiecks $ABC$ gleiche Sehnen der Länge $2\,s$, auf $AC$ jedoch eine solche der Länge $2\,t$ ausschneidet (Fig. 33).

*Lösung:* Gleiche Sehnen im gleichen Kreis bedingen gleichen Abstand seines Mittelpunktes von ihnen; er muß also auf einer Halbierenden der beiden Winkel liegen, welche die Geraden $AB$ und $BC$ bilden. Die Lösung der vorliegenden Aufgabe ist also identisch mit der folgenden: Gesucht alle Kreise, welche auf den eventuell zu verlängernden Seiten $AB=c$ und $AE=p$ eines Dreiecks $ABE$ die Sehnen der Länge $2\,s$ bzw. $2\,t$ abschneiden, während der Kreismittelpunkt auf der dritten Seite $BE$ liegt. $BE$ ist dabei die Halbierende des Winkels $ABC$ oder seines Nebenwinkels.

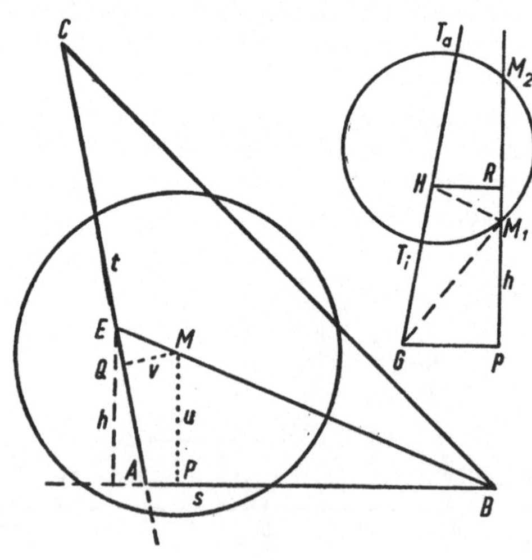

Fig. 33

Zwischen den senkrechten Abständen $u$ und $v$ des Mittelpunkts $M$ von $AB$ bzw. $AE$ besteht offensichtlich eine Abhängigkeit, die aus der Flächen-beziehung

$$F(AME) + F(AMB) = F(ABE)$$

zu erschließen ist oder $\qquad cu + pv = ch \quad$ bzw.

$$\frac{\text{-}}{\text{-}} u + \frac{p}{c} v = h.$$

Diese Gleichung realisieren wir geometrisch in der Nebenfigur 33, indem wir unsere sonstigen Maßnahmen so einrichten, daß die übrigen Gegeben-heiten und Forderungen des Problems $s, t$ und Kreiseigenschaft, zugleich mit verarbeitet werden können. In der Nebenfigur sei

$$PR = h; \qquad PM_1 = u; \qquad M_1R = \frac{p}{c} \cdot v;$$

ferner $\qquad PG = s; \qquad GM_1 = \sqrt{s^2 + u^2} = r$ (Kreisradius) und

$HR = \dfrac{p}{c} \cdot t$ (weil $M_1R = \dfrac{p}{c} \cdot v$), das konstruierbar ist. Dann ergibt sich

$$HM_1 = \sqrt{(HR)^2 + (M_1R)^2} = \frac{p}{c} \cdot r = \frac{p}{c} GM_1 \quad \text{oder} \quad HM_1 : GM_1 = p : c;$$

In der Nebenfigur ist das neue lösbare Problem niedergelegt, das sich die Ermittlung der Lage von $M_1$ zum Ziel setzt und dessen Lösung wieder mit dem Kreis des *Appolonius* zu leisten ist. In den Strecken $PM_1$ und $PM_2$ sind die beiden möglichen Werte für $u$ gefunden. Zu ihnen gesellen sich zwei weitere, wenn für $BE$ die Halbierende des Außenwinkels bei $B$ gewählt wird, so daß das ursprüngliche Problem im Höchstfalle 4 Kreise als Lösun-gen zuläßt.

*Rückblick:* Die Abänderung des Problems erfolgte auf Grund erkannter metrischer Beziehungen und ihrer geometrischen Realisierung in einer eigens zu erstellenden Musterfigur, wobei die übrigen Konstruktionsmaß-nahmen für diese die Verwertung sonstiger wesentlicher Gegebenheiten und Forderungen des Originalproblems zu ermöglichen hatten.

## 33. Beispiel

*Aufgabe I:* Gegeben drei von einem Punkt $S$ ausgehende Strahlen $f, g, h$. Gesucht der Kreis, dessen Mittelpunkt $M$ auf $g$ liegt und der aus $f$ und $h$ Sehnen der gegebenen Länge $2s$ und $2t$ ausschneidet (Fig. 34).

*Lösung:* Der Wunsch die ungewisse Lage des Mittelpunkts $M$ durch eine bestimmte zu ersetzen, führt zur Erkenntnis, daß dies möglich ist, sobald wir uns mit einer ähnlichen Figur begnügen, in der statt der gegebenen Größe der Sehnen nur deren Verhältnis gefordert wird. Denn doppelte

Größe von *SM* auf *g* bringt Verdoppelung von *PM* und *QM* und bei doppeltem Radius auch Verdoppelung der Sehnen 2 *s* und 2 *t*. Das abgeänderte Problem verlangt bei getroffener Annahme von *M* die Bestimmung des Kreisradius so, daß sich die Sehnen wie *s* : *t* verhalten, ist aber auch noch nicht lösbar. Das Verhältnis *s* : *t* regt seinerseits aber zur Angleichung an die Verhältnisse des Proportionalsatzes (Parallelität von *s* und *t*!) an. Wir drehen daher Dreieck *MCQ* um *M* solange bis *CD* ∥ *AB* und demgemäß *MQ* die Verlängerung von *MP* wird, wie es in der Nebenfigur 34b durchgeführt ist. Die Verbindung von *A* mit *C* liefert hier den Punkt Z, der *PQ* von außen in dem Verhältnis teilt:

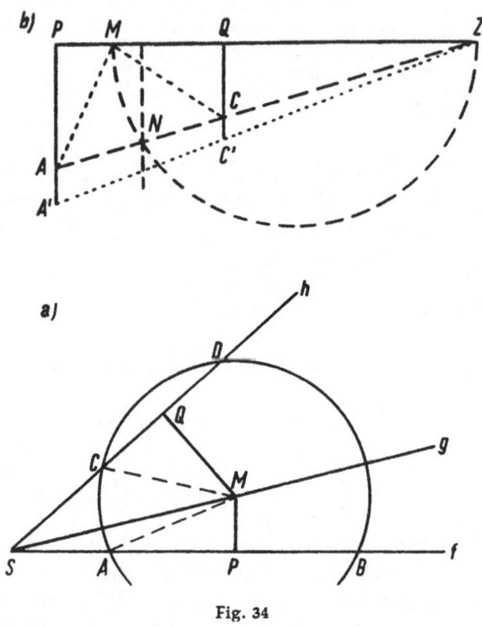


Fig. 34

$$PZ : QZ = PA : QC = s : t = PA' : QC'.$$

Z ist also realisierbar als Schnittpunkt von *PQ* mit *A'C'*, wobei *PA'* = *s*; *QC'* = *t*.

Weil ferner *AM* = *CM* muß *M* auf der Mittelsenkrechten zu *AC* liegen und somit ihr Fußpunkt *N*

1. auf dem *Thales*kreis über *MZ*, da Winkel *MNZ* = 90°,

2. auf der Mittelparallelen zu *PA'* und *QC'*, da ja *NA* = *NC*.

Mit Hilfe von *N* und *Z* ergeben sich *A* und *C*, die absolute Größe der Sehnen *PA* = *s'* und *QC* = *t'*, sowie der Radius des ähnlichen Kreises *AM* = *MC*. Abschließend ist noch *SM* auf der Geraden *g*, sowie der Radius *AM* im Verhältnis *PA* : *PA'* zu strecken um zur Lösung des ursprünglichen Problems zurückzukehren.

Umfassendere Einblicke in das vorstehend dargelegte Lösungsverfahren gewährt folgende

*Aufgabe II*: Auf einer gegebenen Geraden *g* zwei Punkte *U* und *V* so zu suchen, daß sie von zwei gegebenen Punkten *A* und *B* aus gesehen unter dem gleichen gegebenen Winkel $\varphi$ erscheinen (Fig. 34₂).

*Lösung:* Die Musterfigur erinnert an den Satz von Beispiel 4, nach dem $A$ und $B$ auf dem Kreisbogen $K$ über $UV$ liegen, der den $\sphericalangle \varphi$ als Peripheriewinkel faßt, sofern sich $A$ und $B$ oberhalb $g$ befinden wie in Figur 34$_2$. Ist

aber etwa $B$ unterhalb $g$, so gilt die Aussage für den Spiegelpunkt zu $B$ an $g$ an Stelle von $B$ selbst. Der Radius $r$ dieses Kreises und der Abstand $h$ seines Mittelpunktes $M$ von $g$ ist durch die Länge $UV = 2\,u$ und $\sphericalangle \varphi$ fest bestimmt. Eine willkürliche Annahme für die Größe von $UV$ gestattet daher sofort die Realisierung einer wesentlichen Forderung des Problems hinsichtlich des Winkels $\varphi$ durch den Kreis $K$, also etwas Förderliches für die Lösung zu erzielen. Das aber ist, wie wir in Zusammenfassung zu § 1 sahen, die entscheidende Veranlassung diese Erkenntnis als Ausgangs

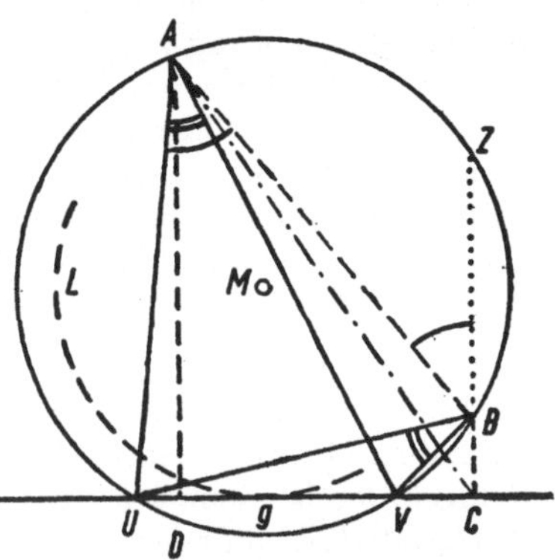



Fig. 34$_2$

punkt für die Lösung ins Auge zu fassen; was in der Tat möglich ist, wenn wir uns zunächst auf die Erstellung eines bloß ähnlichen Gebildes beschränken. Das Problem erfährt dadurch folgende Umstellung:

In eine durch Kreis $K$ und Gerade $g$ gegebene Figur ein Trapez $A'B'C'D'$ so einzuzeichnen, daß es zu dem ursprünglich gegebenen Trapez $ABCD$ ähnlich ist, dessen Ecken $C'$, $D'$ ferner auf $g$, $A'$ und $B'$ jedoch auf $K$ liegen.

Zur Erfüllung dieser Forderungen eröffnen sich nun mehrere Wege.

*1. Möglichkeit:* Wir wählen $A'$ beliebig aber fest auf $K$, müssen dafür aber die Lage von $g$ offen lassen, von dem lediglich zu fordern ist, daß es Tangente an den konzentrischen Kreis $L$ von Radius $h$ sei. Gleitet $g$ an $L$ entlang, so bewirkt die Seite $B'C'$ des Trapezes bei Konstanz aller Winkel eine Drehstreckung zweiter Art mit $A'$ als Drehpunkt (vgl. 18 Seite 62) mit $g$ als führender, $BC$ als abbildender Geraden; Drehwinkel beträgt $180° - \sphericalangle D'C'B' = 90°$ links herum; $\alpha_2 = \sphericalangle A'C'B'$, $\alpha_1 = \sphericalangle A'C'D'$; Strekkungsverhältnis $m = \sin \alpha_2 : \sin \alpha_1 = C'D' : A'D')$. $B'C'$ umhüllt also wieder einen Kreis $L'$ vom Radius $m \cdot h$, während die Lage seines Mittelpunkts $M'$ gegeben ist durch $\sphericalangle M'A'M = 90°$; $A'M' = m \cdot r$. $L'$ ist ein erster geometrischer Ort für $B'C'$. Dreht sich andererseits $A'B'$ um $A'$, wobei $\sphericalangle A'B'Z' = \sphericalangle D'A'B'$ konstant bleibt und $B'$ auf dem Kreise wandert, so umhüllt $B'C'$ den festen, angebbaren Punkt $Z'$, als den zweiten geometrischen Ort für $B'C'$. $B'C'$ ist also Tangente von $Z'$ an $L'$, die den Kreis $K$ in $B'$ schneidet. Zwei Lösungen! Die Konstruktion ist nun leicht zu Ende zu führen.

*2. Möglichkeit:* Wir behalten fernerhin $g$ als fest gegeben bei, betrachten daher $A'$ und $B'$ als veränderlich. Wir bemerken, daß der Mittelpunkt $N$ von $A'B'$ in der gesuchten Lage auf alle Fälle auf dem zu $A'B'$ senkrechten Kreisdurchmesser liegen muß. Ein solcher einfacher Tatbestand muß prinzipiell für eine Lösung ausgenützt werden. Gleitet also jetzt $N$ auf dem bezeichneten Durchmesser und mit jenem das sich ähnlich bleibende Trapez, so ist die Schar der Trapeze in perspektiver Lage. Perspektivitätszentrum ist der Schnittpunkt $P$ des Durchmessers mit $g$. Die Punkte $A'$ und $B'$ wandern auf Ähnlichkeitsstrahlen, deren Lage zu realisieren ist, sobald für irgend ein $N$ (z. B. $M$) das zugehörige Trapez konstruiert wird. Wo die Strahlen den Kreis $K$ kreuzen, liegen die gesuchten Punkte $A_1'$, $B_1'$, $A_2'$, $B_2'$.

Abschließend ist für beide Möglichkeiten immer der Radius $r$ von $K$ im Verhältnis der gefundenen Länge von $A'B'$ zu der dafür vorgeschriebenen zu strecken. Für sehr kleine Winkel $\varphi$ nähert sich die Lösung der Aufgabe derjenigen der Bestimmung eines Kreises durch $A$ und $B$, der $g$ berührt, einem Sonderfall von Beispiel 16.

*Rückblick:* Das sich ähnlich bleibende Trapez vermittelt eine Abbildung jeden Punktes $A'$ in einen Punkt $B'$ oder $N$ und umgekehrt, also eines Kreises als Ort für $A'$ in einen Ort (Ellipse) für $B'$ bzw. $N$. Darauf gründen sich weitere Lösungsarten, die wir hier übergehen. Die Abbildung kann übrigens als räumliche Parallelprojektion einer Strecke $A'D'$ senkrecht zur Zeichenebene in diese in der Richtung $D'B'$ gedeutet werden.


*Methodische Ergänzungen*

*Rückblick:* Die Umstellung einer geometrischen Bestimmungsaufgabe besteht häufig darin, daß man sich zunächst auf die Konstruktion eines bloß ähnlichen Gebildes beschränkt, das dann mit dem geforderten in Winkeln und Streckenverhältnissen paarweise übereinstimmt. Setzen sich die Bedingungen eines Problems lediglich aus derartigen Stücken zusammen, so kann es also niemals determiniert sein; der Maßstab der Figur bleibt offen. Zur Determinierung und konkreten Realisierung des Problems muß also entweder eine willkürliche Annahme für die Größe einer Strecke, wie sie in den Forderungen oder bestehenden gleichartigen funktionalen Zusammenhängen vorkommt, gemacht werden (wie in $30_1$ für $c$); oder es muß das Problem von vornherein neben den genannten Stücken noch die absolute Größe für irgendeine andere Strecke zur Festlegung des Maßstabs vorschreiben. In diesem Falle ist dann die Erstellung einer zunächst nur ähnlichen Figur bei willkürlicher Annahme für eine geeignet erscheinende andere Strecke möglich und angezeigt; erst zuletzt wird durch passende ähnliche Abwandlung der erhaltenen Figur die gegebene Strecke in jene eingefügt ($30_1$).

Treten nun aber zu den Forderungen in Winkeln und Streckenverhältnissen
zwei oder mehrere absolute Größenangaben für Strecken des gesuchten
Gebildes, so werden ähnliche Veränderungen eines solchen nur möglich,
wenn die absoluten Größen fallengelassen und durch relative, also durch
ihre Verhältnisse zueinander, ersetzt werden (33, 40, auch 45). Sind zudem
für die so denkbaren ähnlichen gesuchten Gebilde wie bei obigem Beispiel
33 gleichbleibende Richtungen gewisser ihrer Strecken vorgeschrieben, so
sind die Gebilde in perspektiver Lage, gehen also durch geeignete Streckun-
gen auseinander hervor; letztere müssen dann aber auch alle an den Forderungen beteiligten übrigen, festgegebenen Stücke der Konfiguration invariant lassen. Voraussetzungen, wie sie für dieses Beispiel 33, nicht jedoch
etwa für Beispiel 32 zutreffen. Sind jedoch keine festen Richtungen für
gegebene Strecken des Gesuchten beizubehalten, so können die ähnlichen
gesuchten Gebilde auch durch Drehstreckungen auseinander hervorgehen,
bei gleichzeitiger Invarianz der bezeichneten festgegebenen Figurenteile.
Diese Bedingungen sind in Beispiel 9 (vgl. auch 18, zweite Lösung zu 9)
erfüllt.

Die zweite Umstellung des Problems von Beispiel $33_\mathrm{I}$, die zur Lösung
führt, gründet sich wieder auf die Realisierung geometrischer Verhältnisse,
wie sie durch eine Analogie zu einem geometrischen Satz nahegelegt werden.

## 34. Beispiel

*Aufgabe:* Ein Kreisviereck zu konstruieren aus zwei Gegenseiten $a$ und $c$,
der Summe $b + d = s$ und dem Radius $r$ des Umkreises des Vierecks.

*Lösungsgang:* In einem Kreisviereck kann man die Seiten
$CD$ und $AD$ miteinander ver-
tauschen, ohne dadurch die Lage
der anderen Seiten oder den
Kreisradius zu beeinflussen.
Die Anregung dazu erwächst
aus dem Bestreben, die Bedingung $b + d = s$ in Erinnerung
an verwandte Dreiecksaufgaben
zu realisieren.

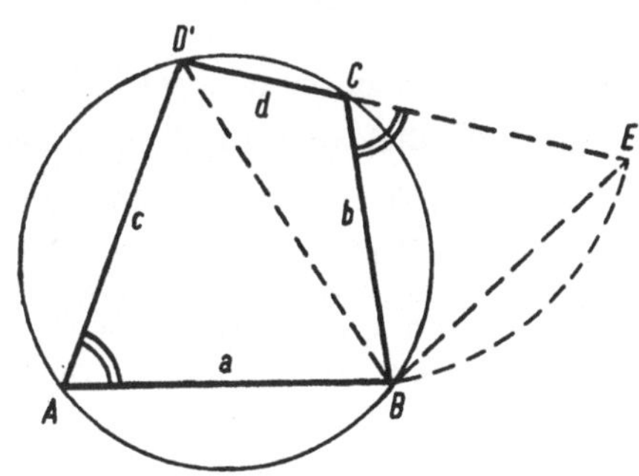

Fig. 35

Wir konstruieren daher zunächst Viereck $ABCD'$ (mit
$CD' = d$, $AD' = c!$), indem
wir im Kreis vom Radius $r$ $AB = a$ und $AD' = c$ machen (zwei Möglichkeiten für $D'$). Dreieck $BD'E$ ist dann entsprechend Figur 35 aus

$$D'E = s = b + d, \quad BD' \text{ und Winkel } D'EB = 90° - \frac{\alpha}{2} \text{ herzustellen, wobei } BD'$$

und $\alpha$ der Figur zu entnehmen sind. Ist $s > BD'$ só gibt es maximal zwei Lagen für $D'E$, im ganzen also höchstens vier verschiedene Sehnenvierecke $ABCD'$ und somit auch $ABCD$ durch Rückgängigmachung der Vertauschung von $CD'$ und $AD'$.

### 35. Beispiel

*Aufgabe:* In einem Dreieck $ABC$ zwischen den Seiten $AC$ und $BC$ eine Transversale $XY$ so zu ziehen, daß $AX = XY = YB$ ist! (Figur 36.)

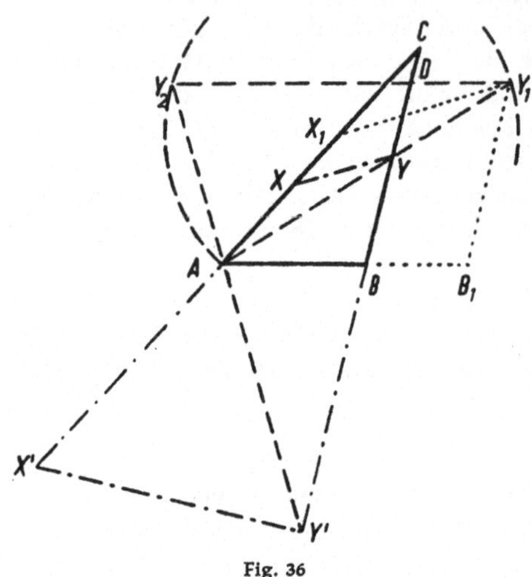

Fig. 36

*Lösung:* Wir kehren die Aufgabe um. Statt die Länge von $AX = BY = XY = l$ in dem gegebenen Dreieck $ABC$ zu suchen, denken wir uns diese Strecke $l$ beliebig vorgegeben und suchen dafür nachträglich erst ein Dreieck, in das sich ein so konstruierter Linienzug $AX_1Y_1B_1$ unter Erfüllung aller übrigen Bedingungen einfügt. Es kann sich daher nur um die Erzeugung eines ähnlichen Gebildes handeln. Wir konstruieren demgemäß ein Viereck $AX_1Y_1B_1$ aus den drei Seiten $AX = XY = YB_1 = l$ und den gegebenen Winkeln bei $A$ und $B$. $Y_1$ liegt

1. auf dem Kreis um $X_1$ mit $r = l$  $(AX_1 = l; \sphericalangle X_1AB_1 = \alpha)$;

2. auf der Parallelen zu $AB_1$ durch $D$, wobei $BD = l$.

Zwei Lösungen $Y_1$ und $Y_2$. Da die gefundenen Vierecke zu den ursprünglich gesuchten in perspektiver Lage mit Perspektivitätszentrum $A$ sind, so ergibt der Schnitt von $AY_1$ bzw. $AY_2$ mit $BC$ die gesuchten Punkte $Y$ und $Y'$. Zieht man noch $X'Y' \parallel X_1Y_2$ und $XY \parallel X_1Y_1$, so ist die gewünschte Transversale in Dreieck $ABC$ gefunden. (Im Höchstfall 2 Lösungen!)

*Rückblick:* Die Umkehrung einer Konstruktionsaufgabe — wobei einer Bedingung für das Gesuchte durch eine Annahme genügt, dafür aber Gegebenes gesucht wird — bewährt sich methodisch unter folgenden Einschränkungen: 1. Realisierbarkeit des umgestellten Problems in einer Musterfigur (wie bei der Erzeugung einer Schar gegebener Stücke). 2. *Realisierbare* Beziehungen derselben zur tatsächlichen Lösungskonfiguration. Das tritt ein bei Ähnlichkeit — vgl. oben oder Beispiel $20_4$ — oder Kongruenz bei veränderter Lage, wie in den Beispielen $20_3$ und 19, wenn hier das einbeschriebene Dreieck als gegeben, das gegebene aber als jetzt umzubeschreibendes betrachtet wird. — Bei Beweisaufgaben besteht die Umkehrung in einer Vertauschung von Voraussetzung und Behauptung. Da letztere für einen weit größeren Kreis vorausgesetzter Eigenschaften zuzutreffen pflegt, so kann auch die Umkehrung nur zu einem viel allgemeineren und darum auch schwierigeren Problem führen, welches das ursprüngliche als Spezialfall umschließt. *Erfolg kann also der Umkehrung eines Satzes nur dann beschieden sein, wenn Voraussetzung und Behauptung eineindeutig verknüpft sind* — vgl. folgendes Beispiel, zweite Lösung — *oder wenn bei der Verallgemeinerung ein Erweiterungsfall* (vgl. Seite 77) *hervorgeht, wie es Beispiel 24 an der Aussage über die Koinzidenz der Schwerpunkte in Beispiel 23 erläutert.*

### 36. Beispiel

Voraussetzung: An einen gegebenen Kreis $k$ werden von den Punkten einer beliebigen nicht schneidenden Geraden $g$ die Tangenten gezogen. Mit deren zugehörigen Längen als Radien werden um die genannten Punkte selbst wieder Kreise geschlagen. Behauptung: Alle diese Kreise schneiden sich in zwei festen, unveränderlichen Punkten (Fig. 37).

*1. Lösung:* Wir erweitern das Problem dahin, daß wir den Kreis $k$ durch das ihm im Raum analoge Gebilde einer Kugel $K$ ersetzen, deren Schnitt mit der Zeichenebene der Kreis $k$ sein soll. Alle Tangenten, welche von einem beliebigen Punkte $A$ von $g$ an die Kugel $K$ gelegt werden können, sind gleich lang und bilden die Erzeugenden eines Kegels, dessen Grundkreis Ort für die Berührungspunkte ist. Dieser Grundkreis liegt aber auch auf der Kugel $K_A$ mit $A$ als Mittelpunkt und der Tangentenlänge als Radius. Der Grundkreis eines zweiten Tangentenkegels mit der Spitze in dem Punkte $B$ von $g$ schneidet den ersteren in zwei reellen Punkten $P$ (und $Q$), da $g$ außerhalb der Kugel $K$ verläuft. Die Tangenten $AP$ und $BP$ an letztere bestimmen eine Tangentialebene an $K$, welche auch die Gerade $g$ enthält.

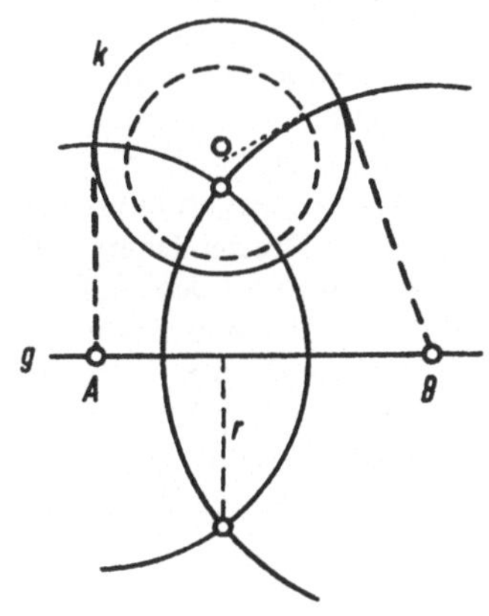

Fig. 37

P (und Q) ist somit der Berührungspunkt einer Tangentialebene, welche von $g$ an die Kugel $K$ gelegt werden kann. Er ist infolgedessen von der getroffenen Wahl der Punkte $A$, $B$ auf $g$ völlig unabhängig: Die Grundkreise sämtlicher Tangentialkegel schneiden sich in ihm, alle Kugeln $K_A$,

$K_B, \ldots$ gehen durch ihn hindurch. Diese selbst wieder durchsetzen sich in einem Kreis, dessen Ebene senkrecht zu $g$ steht, dessen Peripherie $P$ enthält und dessen Radius $r$ gleich dem Abstand des Punktes $P$ von $g$ ist. Jede Ebene $E$ durch $g$, also auch die Zeichenebene, schneidet dieses Kugelbüschel in einem sich gleichbleibenden Kreisbüschel, dessen gemeinsame Punkte $X$, $Y$ symmetrisch zu $g$ im Abstand $r$ liegen. Der Schnitt mit der Kugel $K$ dagegen ist ein veränderlicher Kreis, der jeden Kreis des Kreisbüschels senkrecht durchsetzt; denn die in der Schnittebene $E$ liegenden Radien der Kugeln $K_A$, $K_B$ ... sind gleichzeitig auch Tangenten an den Schnittkreis mit $K$. Klappt man alle Ebenen $E$ um $g$ als Drehachse in die Zeichenebene herunter, so erhält man das Bild eines elliptischen und des zugehörigen orthogonalen hyperbolischen Kreisbüschels. $X$ und $Y$ sind die gesuchten unveränderlichen Punkte, in denen sich die im Text der Aufgabe bezeichneten Kreise schneiden.

*2. Lösung:* Wir kehren das Problem in das äquivalente folgende um: Durchsetzen zwei Kreise, deren Mittelpunkte auf einer gegebenen Geraden $g$ liegen einen gegebenen Kreis $k$ orthogonal, so auch alle anderen Kreise, welche durch die Schnittpunkte $X$, $Y$ der beiden erstgenannten Kreise hindurchgehen und deren Mittelpunkte demnach auf $g$ liegen.

Gehen wir von dem gleichen gegebenen Kreis $k$ und der gleichen gegebenen Geraden $g$ wir vorher aus, so sind sofort zwei Kreise anzugeben, die $k$ orthogonal schneiden: 1. Das Lot vom Mittelpunkt von $k$ auf $g$, als ausgearteter Kreis, dessen Zentrum im unendlich fernen Punkt von $g$ zu suchen ist. 2. Der Kreis um den Schnittpunkt dieses Lotes mit $g$, dessen Radius der Abschnitt auf der Tangenten von hier an $k$ ist. Kreis und Lot schneiden sich in den symmetrisch zu $g$ gelegenen Punkten $X$ und $Y$, die die festen Zentren des vorausgesetzten elliptischen Kreisbüschels bilden. Die Mittelpunkte dieser Kreise liegen auf der Mittelsenkrechten zu $XY$, nämlich $g$. Ziehen wir nun von dem auf der gemeinsamen Sekanten $XY$ des Büschels befindlichen Mittelpunkt von $k$ die Tangenten an irgendeinen der Kreise, so sind diese nach dem Tangentensatz gleich lang. Ihre Berührungspunkte liegen somit auf dem Kreis $k$, womit die Umkehrung und ihre Eindeutigkeit bewiesen ist. Zugleich folgt die Existenz einer Schar weiterer orthogonaler Kreise des elliptischen Büschels.

### 37. Beispiel

*Satz von Desargues:* Gehen die Verbindungslinien entsprechender Ecken zweier Dreiecke $ABC$ und $A_1B_1C_1$ in der Ebene durch einen Punkt $S$, so liegen die Schnittpunkte entsprechender Seiten auf einer Geraden $g$ und umgekehrt.

*Lösung:* Liegen Dreieck $ABC$ und $A_1B_1C_1$ in zwei verschiedenen Ebenen $E$ und $E_1$, so ist das kleinere Dreieck $A_1B_1C_1$ Schnittfläche einer Pyramide, deren Grundfläche $ABC$ und deren Spitze $S$ ist. Der Beweis des Satzes macht nun keine Schwierigkeiten; $g$ stellt sich als Schnittlinie der Ebenen $E$ und $E_1$ heraus. Der Satz gilt wie wenig sich auch die Spitze $S$ über die Ebene $E$ erhebt und aus Gründen der Stetigkeit auch dann, wenn $S$ und damit Dreieck $A_1B_1C_1$ etwa unter Beibehaltung der Schnittlinie $g$ von $E$ und $E_1$ in die Ebene $E$ fällt.

Von außerordentlicher Wichtigkeit ist es, sich prinzipiell mit Verallgemeinerungen und Erweiterungen auseinanderzusetzen, die sich bei der Bearbeitung eines Problems von selbst einstellen. Die im Zuge historischer Entwicklung notwendig gewordenen Erweiterungen des Zahlenbereichs insbesondere auf komplexe Größen erhärten diese Bemerkungen aufs eindringlichste.

Die Beispiele 36 und 37 belehren überzeugend, wie erfolgreich die *Lösung ebener Probleme durch Erweiterung auf den Raum* in Angriff genommen werden kann. Ebene Figuren können stets als Spezialfälle, etwa als ebene Schnitte, Grenzlagen, Projektionen räumlicher Gebilde aufgefaßt werden. Die reicheren Möglichkeiten des Raumes lassen überraschende Einsichten erwarten. Die Umstellung auf den Raum bedeutet eine besondere Art von Verallgemeinerung einer Aufgabe.

### 38. Beispiel

*Aufgabe:* In einem gegebenen Punkte $P$ einer Ellipse die Tangente zu ziehen! Berechne die Fläche der Ellipse! (Fig. 38).

*Lösung:* „Wie können die zur Erörterung stehenden Kurven und Begriffe einheitlich erzeugt werden?" Existieren viele Möglichkeiten so sind alle vollständig durchzuprüfen und jene auszusuchen, die sich dem Wesen der Aufgabe am besten anpassen.

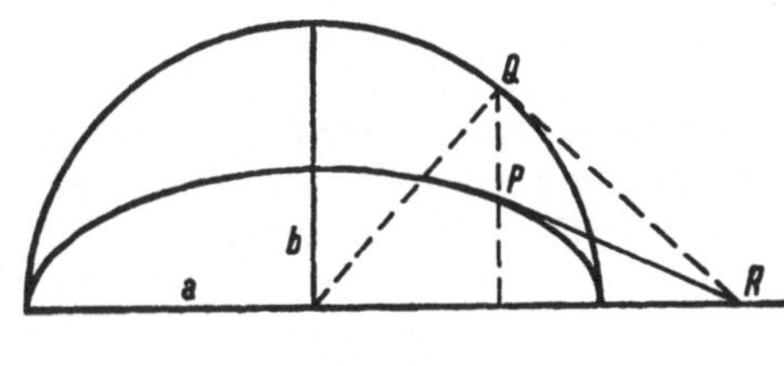

Fig. 38

Die Ellipse ist das Ergebnis der Orthogonalprojektion eines Kreises in die Zeichenebene. Diese bildet mit der Kreisebene einen Winkel $\varphi$ und schneidet sie längs eines Durchmessers. Die große Halbachse $a$ der Ellipse ist gleich dem Kreisradius $a$, die kleine $b = a \cos \varphi$, wie leicht erkenntlich. Da nun die Fläche der Ellipse $F$ die Projektion der Kreisfläche $K$ ist und ferner zwischen beiden ein konstantes Verhältnis $\dfrac{b}{a} = \cos \varphi$ vorhanden sein muß,

so ist
$$F = K \cos \varphi = a^2 \pi \cdot \frac{b}{a} = a b \pi.$$

Die Tangente an die Ellipse im Punkte $P$ ist die Projektion derjenigen an den Kreis in dem lotrecht zur Zeichenebene oberhalb $P$ befindlichen Punkte $Q$. Beide Tangenten treffen sich in einem Punkte $R$ der Schnittlinie der beiden Ebenen, der großen Achse der Ellipse $a$, da alle Punkte derselben bei der Projektion in sich selbst übergehen. $P$ und $Q$ liegen in einer Lotebene zur großen Achse. Klappt man die Kreisebene in die Zeichenebene, so fällt $Q$ auf das Lot durch $P$ zu $a$. Die Konstruktion der Tangente an die Ellipse ist damit auf diejenige an den großen Scheitelkreis derselben zurückgeführt.

Hier handelt es sich um eine *grundsätzliche Abbildung einer ganzen Figur auf eine andere*. Dadurch eröffnet sich *ein prinzipieller, neuer Weg zur Schaffung eines geeigneten Analogons*, dessen Zusammenhang mit dem Ausgangsproblem in der Abbildungsvorschrift niedergelegt ist. Bereits in Beispiel 25 konnten wir von einem derartigen, wenn auch besonders einfachen Prozeß in Gestalt einer Translation mit ausgezeichnetem Erfolg Gebrauch machen. Im jetzigen Beispiel besteht der Abbildungsvorgang in einer räumlichen Orthogonalprojektion, die bei passend gewählten kartesischen Koordinatensystemen einer algebraischen Beziehung $\xi = x;\ \eta = ky\ (k < 1)$ gleichwertig ist. Sie bedeutet gleichmäßige Schrumpfung der Figurenebene $(x, y)$ in einer bestimmen $(y$-$)$Richtung, und hat zur Folge, daß aus beliebigen gleich großen Strecken und Winkeln der einen Ebene keineswegs und ausnahmslos auch wieder gleich große Strecken und Winkel in der andern hervorgehen. *Die metrischen Eigenschaften einer Figur gehen demgemäß* schon *bei einer* so einfachen *Abbildungsvorschrift weitgehend verloren.* Unveränderlich erhalten bleiben hiervon nur: die Geradlinigkeit einer Punktefolge, das Teilungsverhältnis einer Strecke, das Verhältnis von beliebigen Flächeninhalten zueinander, die Parallelität von Geraden. *Nur solche Erkenntnisse sind deshalb aus der Abbildungsfigur auf die Originalkonfiguration übertragbar, die sich lediglich auf Aussagen über die invarianten Begriffe und Eigenschaften beschränken. Ausnahmslos invariant sind bei jeder Abbildung reine Lageneigenschaften*, die Feststellungen wie: Mehrere Kurven gehen durch einen und denselben Punkt oder berühren sich in einem solchen, mehrere Punkte liegen gleichzeitig auf einer bestimmten Kurve, usf. zum Inhalt haben. *Die Lösung durch Abbildung ist demnach in erster Linie bei Problemen über Lageneigenschaften angezeigt.*

Invarianz der einem Problem zugrunde liegenden Begriffe vorausgesetzt, gestattet die Abbildung bald seine Verallgemeinerung, sofern es schon gelöst ist, bald seine Zurückführung auf einfachere Fälle. Für die Auswahl und Anwendung der Abbildungsmöglichkeiten ist die Invarianz des Charakters auftretender Kurven und Begriffe leitender Gesichtspunkt. *Alle* geometrischen Eigenschaften ohne jede Einschränkung werden nur bei den einfachen Transformationen der Parallelverschiebung, Drehung, Streckung und Spiegelung gewahrt. Die Zentralprojektion oder die ihr entsprechende Transformation:

$$\xi = \frac{a_1 x + b_1 y + c_1}{a_3 x + b_3 y + c_3}; \quad \eta = \frac{a_2 x + b_2 y + c_2}{a_3 x + b_3 y + c_3}$$

ist die allgemeinste Abbildung bei der jede Gerade wieder in eine Gerade übergeht, Kreise aber (wie überhaupt alle Kegelschnitte) in andere Kegelschnitte verwandelt werden. Nur das Doppelverhältnis von vier Punkten oder Geraden bleibt dabei erhalten. Jeder Satz über rein lagenmäßige Beziehungen von Punkten und Geraden zu einem Kreis, wie z. B. der von *Pascal* und *Brianchon* erweitert sich somit zu einem solchen gleichen Wortlauts für beliebige Kegelschnitte. Bei Parallelprojektion ergeben sich auch allgemeinere *metrische* Beziehungen zwischen invarianten Begriffen wie der Satz der Flächenkonstanz ein- und umbeschriebener Parallelogramme auch bei Ellipsen, wobei der invariante Begriff konjugierter Durchmesser eine Rolle spielt; ferner etwa die Erkenntnis des geometrischen Ortes für die Teilungspunkte aller nach einem festen Verhältnis geteilten Sehnen einer Ellipse, die durch einen gegebenen Punkt ihrer Peripherie hindurchgehen. Unterwirft man die Figur des Pythagoreischen Lehrsatzes (wo das Hypotenusenquadrat so eingezeichnet ist, daß es die Dreiecksfläche verdeckt) einer Parallelprojektion, so verallgemeinert sich die Flächenbeziehung zwischen den Quadraten über den Seiten eines rechtwinkligen Dreiecks zu einer solchen von Parallelogrammen über den Seiten eines gans beliebigen Dreiecks, die als ein nach *Pappus* benannter Satz wohlbekannt ist.

Als Musterbeispiel einer allgemeinern Transformation sei hier kurz auf die Abbildung durch reziproke Radien, auch als Inversion oder Spiegelung am Kreis bezeichnet, eingegangen. Jedem Punkt $P$ der Ebene wird hier ein Punkt $P'$ konstruktiv zugewiesen, derart, daß er mit Punkt $P$ und dem Mittelpunkt $M$ eines festgegebenen Kreises vom Radius $a$ immer auf der gleichen Geraden liegt und das Produkt $MP \cdot MP' = a^2$ ist. Wählt man $M$ in einer bestimmten Richtung im Unendlichen und damit $a \to \infty$, so sind die Verbindungslinien $PP'$ alle parallel, der Kreis artet in eine Gerade senkrecht dazu aus. Setzt man nun $MP = a - x$; $MP' = a + x'$, so folgt

$$(a - x)(a + x') = a^2 \quad \text{oder} \quad x' - x - \frac{xx'}{a^2} = 0$$

und mit $a \to \infty$ schließlich $x' = x$. Wir erhalten dann also die Spiegelung an einer Geraden.

Bei der Inversion verwandeln sich Kreise wieder in Kreise. Denn sind $P_1$ und $P_2$ die zwei Kreispunkte auf einer Geraden durch $M$, so ist nach dem Sekantensatz

$$MP_1 \cdot MP_2 = \frac{a^4}{MP'_1 \cdot MP'_2} = \text{konstant}, \quad \text{also auch} \quad MP'_1 \cdot MP'_2 = \text{konstant}.$$

Alle Geraden als Grenzfälle von Kreisen gehen in Kreise durch $M$ über, Gerade durch $M$ speziell wieder in sich selbst. Kreise durch $M$ bilden sich in Geraden ab. Die Winkel, unter denen sich irgend zwei Kreise schneiden, bleiben bei der Inversion der Größe nach erhalten, wie eine einfache Rechnung zeigt. Dem Zentrum eines Kreises entspricht jedoch nicht dasjenige seines Bildes. Anwendungsgebiet der Inversion ist demnach die Geometrie der Kreise und Geraden unter Ausschluß jeder Metrik. Man überlegt leicht, daß auch das hierher gehörige *Apollonische* Problem so transformiert werden kann, daß die Radien zweier gegebener Kreise gleich werden, oder zwei Kreise konzentrisch werden (vgl. folgende Darlegungen), oder auch, daß zwei der gegebenen Kreise, falls sie sich schneiden, in Gerade ausarten, wodurch entscheidende Vereinfachungen entstehen. Eingehendere Erläuterungen über die Anwendung der Inversion bringt das sich anschließende Beispiel.

### 39. Beispiel

*Steinerscher Schließungssatz:*

Kann man zwischen zwei sich nicht schneidenden Kreisen $K_1$ und $K_2$ eine Folge von Kreisen $k_1$, $k_2$, $k_3 \ldots k_n$ zeichnen, von denen jeder einzelne die beiden benachbarten, der erste den letzten und ferner $K_1$ und $K_2$ berührt, so schließt sich die Figur immer, d.h. der letzte Kreis $k_n$ berührt $k_1$ wieder unabhängig von der speziellen möglichen Ausgangslage, die gerade für $k_1$ gewählt wird (Figur 39).

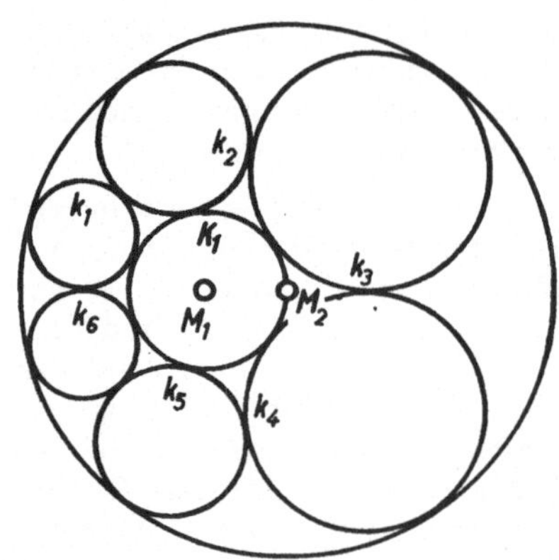


Fig. 39

*Beweis:* Es ist immer möglich zwei sich nicht schneidende exzentrische Kreise in konzentrische abzubilden. Für den letztern Fall ist aber der Satz evident. Bedeuten $A_1$ und $B_1$ im Kreis $K_1$ die Endpunkte eines Durchmessers, der nach dem Mittelpunkt $M$ des spiegelnden Kreises $K$ vom Radius $a$ hingerichtet ist, so bestimmen sich Lage des Mittelpunkts $M_1$ und Radius $r_1$ von $K_1$ nach den Gleichungen:

$$MM_1 = c = (MA_1 + MB_1) : 2 \, ; \quad r_1 = (MB_1 - MA_1) : 2 \, .$$

Entsprechend gilt für das Bild $K'_1$

$$MM'_1 = c' = (MA'_1 + MB'_1) : 2 \, ; \quad r'_1 = (MA'_1 - MB'_1) : 2 \, ,$$

wobei $A_1'$ und $B_1'$ ebenfalls auf $MM_1$ liegen. Infolge der Beziehungen

100

$MA_1 \cdot MA_1' = a^2$; $MB_1 \cdot MB_1' = a^2$; zusammen mit dem Tangentensatz für $K_1$ ($MA_1 \cdot MB_1 = c^2 - r_1^2$) drückt sich die Lage des Mittelpunktes $c'$ und der Radius $r_1'$ des gespiegelten Kreises $K_1'$ durch die Formeln aus

$$c' = \frac{a^2 \cdot c}{c^2 - r_1^2}; \qquad r'_1 = \frac{a^2 \cdot r_1}{c^2 - r_1^2}.$$

Wird nun ein zweiter Kreis $K_2$ mit dem Mittelpunkt $M_2$ und Radius $r_2$ der gleichen Transformation unterworfen, deren Zentrum $M$ auf der zentralen $M_1 M_2 = e$ gewählt ist, und setzen wir $MM_2 = d$; $MM'_2 = d'$ so folgt analog

$$d' = \frac{a^2 \cdot d}{d^2 - r_2^2}; \qquad r'_2 = \frac{a^2 \cdot r_2}{d^2 - r_2^2}.$$

Da $d = c + e$ sind die Bilder von $K_1$ und $K_2$ konzentrisch, sobald $c' = d'$, d. h.

$$c \cdot [(c + e)^2 - r_2^2] = (c + e)(c^2 - r_1^2).$$

Sie besitzen gleichen Radius $r'_1 = r'_2$, wenn

$$r_1 \cdot [(c + e)^2 - r^2_2] = r_2 (c^2 - r_1^2).$$

Immer genügt $c$ also einer Gleichung zweiten Grades. Die Werte für $c$ erweisen sich als reell, wenn sich im erstern Falle $K_1$ und $K_2$ nicht schneiden; im zweiten Falle, wenn sie nicht ineinander liegen. Die Transformation ist dann stets gleich auf doppelte Weise (mit Zirkel und Lineal) geometrisch realisierbar (bei beliebig wählbarem $a$).

### 40. Beispiel

*Aufgabe:* Welchen Beschränkungen sind drei gegebene Strecken zu unterwerfen, damit sich aus ihnen als Höhen ein Dreieck nach den beiden Lösungsarten in Beispiel 30 konstruieren läßt?

*Lösung:* Zur scharfen Fassung des Problems nehmen wir an, daß $h_a \leqq h_b \leqq h_c$ und demgemäß $a \geqq b \geqq c$ sei. Das bedeutet nur, daß die größte Seite mit $a$, die kleinste mit $c$ bezeichnet wird. Wir wählen ferner die kleinste Höhe $h_a$ als Längeneinheit und setzen $h_a = 1$; $h_b = x$; $h_c = y$.

Es ist dann
$$y \geqq x \geqq 1. \tag{1}$$

Ein Dreieck ist immer dann möglich, wenn die Summe der beiden kleinsten Seiten größer als die größte Seite ist. Da es ein zu dem gesuchten Dreieck ähnliches mit den beiden kleineren Seiten $\dfrac{1}{x}$, $\dfrac{1}{y}$ und der größten Seite 1 gibt, so drückt sich die genannte Bedingung durch die Ungleichung aus

$$\frac{1}{x} + \frac{1}{y} \geqq 1 \tag{2}$$

Der Inhalt der Ungleichungen (1) und (2) wird erst klar erfaßbar, wenn wir sie geometrisch deuten.

Lassen wir in (1) und (2) das Ungleichheitszeichen fallen, so erhalten wir die Gleichungen

$$\text{(A) } y = x\,; \qquad \text{(B) } x = 1\,; \qquad \text{(C) } \frac{1}{x} + \frac{1}{y} = 1,$$

welche in dem Koordinatensystem der Figur 40 der Reihe nach durch die 45°-Linie durch den Nullpunkt, durch die Parallele zur $y$-Achse mit der Abszisse 1 und die gleichseitige Hyperbel mit den Asymptoten $x = 1$; $y = 1$ veranschaulicht werden. $y > x$ bedeuten Punkte oberhalb (A); $x > 1$ Punkte rechts von (B); $\frac{1}{x} + \frac{1}{y} > 1$ Punkte links und unterhalb des Hyperbelastes (C). Soll also ein Dreieck aus $h_a$, $h_b$, $h_c$ allgemein konstruierbar sein, so müssen die Werte für $x = \dfrac{h_b}{h_a}$; $y = \dfrac{h_c}{h_a}$ innerhalb der sich nach oben ins Unendliche erstreckenden Fläche liegen, die von den Linien (A), (B), (C) begrenzt ist.

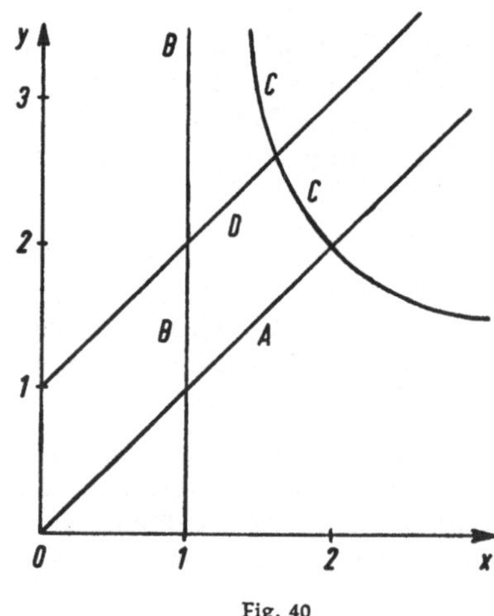


Fig. 40

Für die 2. Lösung von Beispiel 30: mit Hilfe eines Hilfsdreiecks aus den 3 Höhen, gesellt sich zu den Ungleichungen (1) und (2) noch die folgende:

$$y \leqq x + 1, \tag{3}$$

da $h_a + h_b \geqq h_c$, so daß die drei Begrenzungskurven (A), (B), (C) noch durch eine vierte zu ergänzen sind, nämlich durch die Parallele (D) $y = x + 1$ zu (A) mit dem Achsenabschnitt $y = 1$. Der Ungleichung (3) genügen Punkte unterhalb (D).

Die Konstruktion vermöge eines Hilfsdreiecks läßt sich immer nur durchführen, wenn die Werte für $x$ und $y$ innerhalb der trapezähnlichen Figur, die von den Linien (A), (B), (C), (D) umschlossen ist, liegen. Diese spezielle Konstruktion der Aufgabe ist demnach keineswegs immer durchführbar, auch wenn die Existenz eines Dreiecks feststeht (z. B. $x = 1{,}25$; $y = 2{,}5$; also etwa $h_a = 4$; $h_b = 5$; $h_c = 10$).

Ergänzungen: Wenn, um auf einen weiteren Fall aufmerksam zu machen, ein Doppelintegral mit vorgeschriebener Integrationsfolge und variablen Grenzen zur Erörterung steht, so ist auch hier die Frage nach der geometrischen Bedeutung von fundamentaler Wichtigkeit. Aus den Grenzen läßt sich die geometrische Gestalt des Integrationsbereiches erschließen, ohne dessen Kenntnis eine Vertauschung der Integrationsfolge nicht vorgenommen werden kann. Dies kann aber die unerläßliche Voraussetzung für die Ausführbarkeit der Integration selbst sein.

Zu den fruchtbarsten Methoden der Abänderung eines Problems gehört die Übersetzung abstrakter, algebraischer Forderungen und Verhältnisse ins Geometrische. Alles Anschauliche läßt sich einfacher, klarer, eindringlicher, anregender und schlagartiger erfassen und übersehen. Bei der Bearbeitung einer Aufgabe ist es daher wichtig *sich angesichts des Ganzen wie bei jeder arithmetischen Einzelheit* immer wieder die Frage vorzulegen: *„Was bedeutet dies geometrisch?"* Ihre Beantwortung ist fast durchweg von Analogien zu erwarten. Die Aufwerfung der angeführten Frage hat den Anstoß zur Schöpfung der analytischen Geometrie gegeben.

Für die Lösung algebraischer Aufgaben z. B. aus der analytischen Geometrie, der Stereometrie ist es empfehlenswert, sich zunächst einen einfachen Gedankengang für eine geometrische Lösungsmöglichkeit zurechtzulegen. Dieser muß dann die Zielsetzungen für die algebraische Durchrechnung abgeben, da dann ein übersichtliches und sachgerechtes Vorgehen gewährleistet ist. *Die geometrische Ordnung ist zugleich auch die beste logische Ordnung. Falsch ist es und das führt meist zu Weitläufigkeiten, sich einfach damit zu begnügen, die geometrischen Forderungen in Gleichungen niederzulegen und dann die Aufgabe durch rein algebraische formale Operationen zu Ende führen zu wollen.*

### 41. Beispiel

*Aufgabe:* Löse die Gleichung:

$$a \cdot \cos \varphi + b \cdot \sin \varphi - c = 0 \quad (c \geqq 0) \,!$$

*1. Lösung:* „Wo ist uns ein ähnlicher Ausdruck begegnet?" Er hat die Form der *Hesse*schen Normalform für die Gleichung einer Geraden. Die Normale vom Koordinatenursprung auf diese hat dann die Länge $c$ und bildet den Winkel $\varphi$ mit der positiven Richtung der $x$-Achse. Die Gerade muß durch einen Punkt mit den Koordinaten $a$, $b$ hindurchgehen. Vgl. Figur 41a. Die gegebene trigonometrische Form des Problems läßt durch Analogieschluß die geometrische Fassung zu:

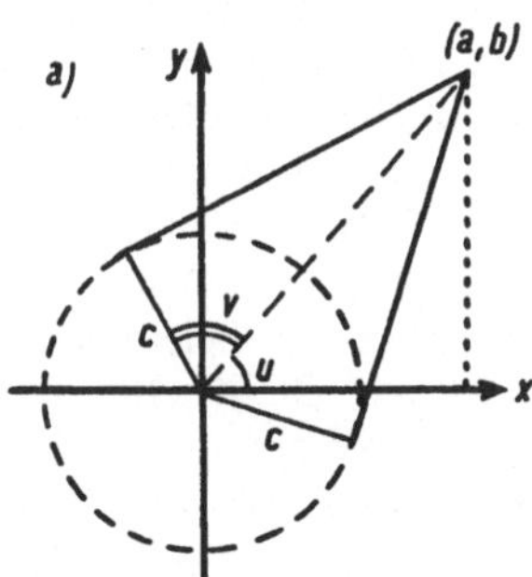


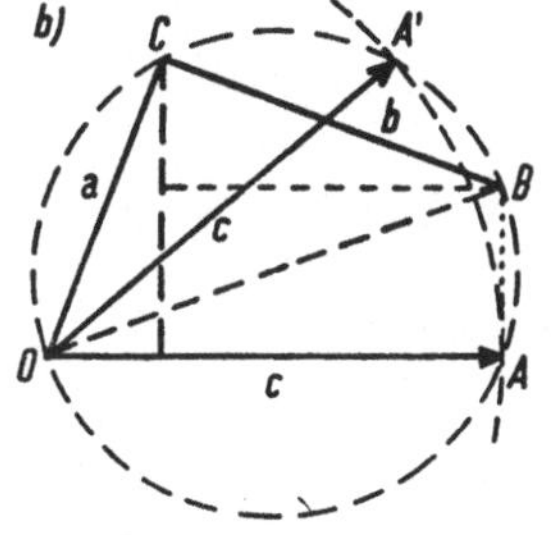


Fig. 41

Bestimme gegen die positive $x$-Achse die Neigungswinkel der Normalen vom Mittelpunkt eines Kreises vom Radius $c$ auf die Tangenten, welche von einem gegebenen Punkte $(a, b)$ aus an den Kreis gezogen werden können. Damit ist aber auch schon die Lösbarkeit der Aufgabe in ganzem Umfang zu überblicken. Setzt man

$$\cos v = \frac{c}{\sqrt{a^2 + b^2}} ; \quad tg\, u = \frac{b}{a},$$

so ergeben sich für $\varphi$ die beiden Werte

$$\varphi_1 = u + v ; \quad \varphi_2 = 360° + u - v,$$

innerhalb des Winkelbereichs von $0°$ bis $360°$.

Bemerkung: Die andere vorhandene Analogie des gegebenen Ausdrucks zum Additionstheorem der Funktionen sin oder cos, die dazu anregt $a = m \cdot \sin \alpha$, $b = m \cdot \cos \alpha$ zu setzen, wo $m$ ein Proportionalitätsfaktor ist, der der Gleichung $a^2 + b^2 = m^2$ genügen muß, führt zu einer hier nicht interessierenden rein analytischen Lösung.

2. *Lösung:* Wenn für einen algebraischen Ausdruck als ungeteiltes Ganzes keine Analogie ersichtlich ist, die ins Geometrische führt, so ist von der anschaulichen Deutung seiner einzelnen Glieder auszugehen. Diese Möglichkeit besteht auch hier. $a \cdot \cos \varphi$ ist die dem Winkel anliegende, $b \cdot \sin \varphi$ die ihm gegenüberliegende Kathete je eines rechtwinkeligen Dreiecks mit den Hypotenusen $a$ bzw. $b$. Beide Glieder sind zu addieren, also in gleicher Richtung organisch zusammenzufügen, so daß sich als Summe $c$ ergibt. Diese Überlegung ist in Figur 41b wiedergegeben, welche die Konstruktionsfigur zu der Aufgabe bildet:

Konstruiere ein Sehnenviereck $OABC$ aus $OA = c$; $OC = a$; $BC = b$ und Winkel $OCB = 90°$ ($= \sphericalangle OAB$), und ermittle den Winkel $AOC = \varphi$! Es gibt 2 Werte $\varphi_1 = \sphericalangle AOC$ und $\varphi_2 = \sphericalangle A'OC$, die die Drehung im Gegensinn des Uhrzeigers messen, welche die positive Richtung $c$ in diejenige von $a$ überführt. Figur 41b hat Gültigkeit bei allen Vorzeichenkombinationen der Größen $a$ und $b$; die Lösungswerte $\varphi'$ folgen immer aus den Werten $\varphi$ bei positiven Größen $a$, $b$ vermöge von Beziehungen der Form: $\varphi' = 360° - \varphi$; $\varphi' = 180° \pm \varphi$.

Diese wie die vorhergehende Lösungsmethode gestattet die Ermittlung von $\varphi$ auf graphischem Wege.

### 42. Beispiel

*Satz:* Die komplexen Nullstellen des Differentialquotienten $f'(x)$ einer algebraischen ganzen Funktion $n$ten Grades $f(x)$, liegen immer innerhalb desjenigen konvexen Polygons, das alle Nullstellen $x_1, x_2, \ldots x_n$ der Funktion $f(x)$ umschließt, soweit diese nicht selbst Ecken des Polygons sind.

*Lösung:* Für diese ist wesentlich, daß wir den algebraischen Ausdruck für $f(x)$ und $f'(x)$ auf die einfachste Form bringen. Es ist naturgemäß und notwendig $f(x)$ mit Hilfe seiner Wurzeln: $f(x) = (x - x_1)(x - x_2) \ldots (x - x_n)$ und seiner Ableitung in der Form

$$f'(x) = f(x)\left(\frac{1}{x - x_1} + \frac{1}{x - x_2} + \ldots \frac{1}{x - x_n}\right)$$

darzustellen. Jede Nullstelle $x$ von $f'(x)$ genügt der Bedingung

$$\frac{1}{x - x_1} + \frac{1}{x - x_2} + \ldots + \frac{1}{x - x_n} = 0.$$

Wir betrachten nun die $x$ und $x_k$ als komplexe Zahlen, die wir als Vektoren in der *Gauß*schen Zahlenebene darstellen können. $x - x_k$ bedeutet dann nach Richtung und Größe einen Vektor, vom Punkte $x_k$ nach dem Punkte $x$. Da nun allgemein

$$\frac{1}{a + ib} = \frac{a - ib}{a^2 + b^2},$$

so stellt demnach der reziproke Wert einer komplexen Zahl wieder einen verkürzten Vektor dar, dessen *Richtung* aus dem vorhergehenden sich durch Spiegelung an der reellen Achse ergibt. Wenden wir diese Operation auf alle Nullstellen von $f(x)$ und $f'(x)$ und damit auch auf das Polygon an, wobei die Werte $x_k$ und $x$ in die konjugierten $x'_k$, $x'$ übergehen, so haben alle Vektoren $\dfrac{1}{x - x_k}$ die Richtung von $x'_k$ nach $x'$. Ihre Summe muß aber verschwinden. Dies ist ausgeschlossen, solange $x'$ sich außerhalb des gespiegelten Polygons befindet. Denn dann sind alle Vektoren in jedem Falle, wo auch $x'$ gewählt werden mag nach einer Seite hin gerichtet, sie erstrecken sich von einem Punkte ausgehend alle in einer Halbebene. Ihre vektorielle Zusammensetzung hat stets eine Resultante mit einer von Null verschiedenen Komponente in der Halbebene.

So wie nun $x'$ nur innerhalb des Spiegelbildes des Polygons gelegen sein kann, so auch $x$ nur innerhalb des Polygons selbst. w.z.b.w.

Physikalisch besagt die Bedingung $f'(x) = 0$, daß für einen bei $x'$ befindlichen Massenpunkt Gleichgewicht unter dem Einfluß von abstoßenden Zentralkräften bestehen soll. Die Gültigkeit des Satzes wird durch diese Erkenntnis physikalisch sofort verständlich.

*Zusammenstellung*

Zur Abänderung eines Problems empfehlen sich folgende Methoden:

1. Die *Herstellung einer kontinuierlichen Schar gleichwertiger* algebraischer (27) oder geometrischer *Gegebenheiten,* aus der durch Verfügung über den Parameter einfachere Verhältnisse erzwungen werden.

2. Die *Herstellung einer diskontinuierlichen Folge gleichwertiger Gegebenheiten*, falls durch einen naheliegenden Prozeß ein neuer gleichartiger Einzelfall des Problems hervorgeht, entsprechend den Darlegungen zu Beispiel 28. Da hierbei die gleichen grundsätzlichen Leitgedanken vorliegen wie bei der Aufstellung und Verwertung von Rekursionsformeln, darf das Verfahren allgemein als Rekursion bezeichnet werden. Die Konstruktion einer Quadratseite $x$ auf Grund der Forderung: $x^2 = a^2 + b^2 + c^2 + \ldots$, wobei der Prozeß durch den Satz des *Pythagoras* gegeben ist, mag die Methode für geometrische Verhältnisse beleuchten.

3. *Die formale Abänderung der Schreibweise eines algebraischen Ausdrucks* nach Motiven, wie sie aus Beispiel 29 hervorgehen.

4. *Die Umstellung eines* aus den gegebenen Stücken nicht unmittelbar lösbaren *Problems auf andere Hilfselemente, mit denen es erfahrungsgemäß lösbar ist*, sofern diese in einem bekannten realisierbaren Zusammenhang zu jenen stehen (30).

5. *Vertauschung der Lage einzelner Elemente* in der Gewißheit der Lösbarkeit eines so erzeugbaren Teilproblems in der Figur, sofern die übrigen Bedingungen des Originalproblems dadurch nicht verletzt werden (34).

6. *Die Konstruktion eines* zunächst nur *ähnlichen Gebildes* bei beliebiger Annahme für eine passende Strecke. Über die Bedingungen für die Anwendbarkeit vgl. die Ergänzungen zu Beispiel 33.

7. *Die Umkehrung eines Konstruktions- oder Beweisproblems* entsprechend den Erläuterungen im Rückblick zu Beispiel 35.

8. Die *Erweiterung ebener* geometrischer *Probleme auf den Raum*, bzw. räumliche Deutung ebener Konfigurationen (36, 37, 38; auch $33_{II}$, Schlußsatz).

9. *Die Abbildung oder algebraische Transformation eines Problems* auf lösbare Sonderfälle, sofern jene die Invarianz seiner Vorstellungsinhalte gewährleistet (38, 39).

10. *Die geometrische Deutung* und Realisierung algebraischer Beziehungen in einer Figur. Sie stützt sich auf die Nachahmung der Verhältnisse, wie sie in einem erkannten Analogon bestehen (33), speziell auf die Auswertung formaler Analogien (11, 41), oder auf die elementaren Operationen, aus denen sich die Beziehung aufbaut (6, $7_2$, 31, 41, 42). Die Realisierung kann entweder in der Figur selbst vorgenommen werden ($7_2$, 11, 31) oder auch eine eigens unter Verwertung aller sonstigen Bedingungen zu erstellende Nebenfigur erheischen ($12_2$, 32, 33). — *Bei rein arithmetischen Problemen ist grundsätzlich die geometrische Deutung* der funktionalen Verhältnisse in Einzelheiten wie auch unter ganzheitlichen Gesichtspunkten *von entscheidendem Wert* (40, 41, 42) und darum dringend anzuraten.

### § 4. Löse geometrische Probleme auf algebraischem Wege!

Geometrische Probleme können grundsätzlich auch durch rechnerisches Vorgehen, das die funktionalen Zusammenhänge ja in anderer Weise wiedergibt und eindeutig festlegt, einer Lösung zugeführt werden, deren Ergebnisse an Hand ihres algebraischen Ausdruckes zum Schluß wieder geometrisch auszuwerten sind. Zur Durchführung einer solchen algebraischen Analysis ist es geboten scharf und übersichtlich herauszustellen, was gegeben und was gesucht ist; sich zu überlegen welche andern Stücke und Hilfselemente man eventuell noch vorteilhafter berechnen könnte, um diejenigen primären Konstruktionselemente ausfindig zu machen, deren Ermittlung die Konfiguration einfach zu erstellen, einen Beweis klar und knapp zu führen verspricht. Jedes solches primäre Konstruktionselement wieder muß in seiner Lage durch geeignete Größen (Koordinaten), die als Unbekannte einzuführen sind, eindeutig festgelegt werden; eine Parallele zu einer Geraden z. B. etwa durch den Abstand von dieser, durch die Länge eines Abschnitts, den sie auf dieser oder jener anderen Strecke macht usf. Die zu treffende Auswahl ist oft von nachhaltigem Einfluß auf die Rechnung und der dabei benötigten algebraischen Mittel. Die Aufstellung der Gleichungen für die Unbekannten geschieht nach folgenden allgemeinen Grundsätzen:

a) *Durch den algebraischen Ausdruck derjenigen geometrischen Sätze*, wie sie auf die Figur oder ihre Teile anwendbar sind und *welche die auftretenden Unbekannten untereinander und mit den gegebenen Stücken verknüpfen*. Eine überragende Rolle kommt dabei den Sätzen über das rechtwinklige Dreieck, den Proportional- und Ähnlichkeitssätzen, den Sätzen über den Flächeninhalt von Dreiecken und denjenigen zur trigonometrischen Berechnung von Dreiecken zu. Sind in einer Figur keine rechtwinkligen Dreiecke usf. von vornherein da, so stelle man sich welche her ($17_3$, 43, 44). Als vorteilhaft empfiehlt sich gelegentlich auch das Rechnen mit Vektoren ($24_2$).

b) *Die algebraische Formulierung der Definition grundlegender Begriffe*, wie sie in den Worten Gerade, Kreis, Kegel, Berührung usf. auftreten.

c) Wie bei allen sonstigen mathematischen Textaufgaben auch *durch die algebraische Formulierung des Probegedankens* für die eingeführten und als gefunden anzusehenden Unbekannten, *als dem Kennzeichen für die Richtigkeit jeder Lösung überhaupt*. Teilweise kann die Probe auch im sinngemäßen oder wortgetreuen Übersetzen des Aufgabentextes in die knappe, eindeutige, algebraische Ausdrucksweise durch Symbole liegen.

Von der Vollständigkeit des aufzustellenden Gleichungssystems für eine determinierte Aufgabe legt man sich durch Fragen, wie die folgenden Rechenschaft ab: *„Habe ich alle wesentlichen konstruktiven Verhältnisse,*

*wie sie in den Forderungen niedergelegt sind, und alles Gegebene bei
den algebraischen Ansätzen verwertet?" „Habe ich den begrifflichen Inhalt
jeden Wortes auch voll ausgeschöpft und verarbeitet?" „Habe ich auch an
das gedacht, was in Worten oft nicht ausdrücklich gesagt ist, weil es durch
Gewohnheit als selbstverständlich einfach übergangen zu werden pflegt?"
„Sind soviele Gleichungen vorhanden als Unbekannte?"*

Im allgemeinen ist bei einem vorliegenden Problem nicht vorherzusagen,
ob die geometrische oder die algebraische Behandlungsweise angezeigt
erscheint. Jedenfalls bestehen keinerlei geometrische Kennzeichen dafür,
daß eine Aufgabe gerade geometrisch lösbar sein muß. Widersteht aber
eine solche allen geometrischen Lösungsversuchen, dann verbleibt als letztes
sehr wirksames, wenn auch oft recht beschwerliches und wenig durch-
sichtiges Hilfsmittel die algebraische Analysis. Erst sie bringt die grundsätzliche Klärung der Frage, wann ein geometrisches Problem überhaupt
auf geometrischem Wege lösbar ist. Das algebraische Kennzeichen für die
Durchführbarkeit einer Konstruktion mit den elementargeometrischen In-
strumenten des Zirkels und Lineals ist die rechnerische Ermittelbarkeit
eines unbekannten linearen Bestimmungsstückes lediglich mit Hilfe linearer
und höchstens quadratischer Gleichungen. Denn diese führen auf algebraische Ausdrücke für die Unbekannte, in die neben bekannten Strecken noch
Quadratwurzeln aus rationalen Funktionen derselben in rationaler Verbindung eingehen. Die bekannten Strecken können hierbei durch gleichartige Prozesse aus wieder anderen ebenso sich ergebenden Strecken
hervorgegangen sein usf., die letzten Endes auf die primär gegebenen
Strecken zurückführen. Derartige algebraische Ausdrücke für eine unbekannte Strecke sind prinzipiell immer nach dem Proportionalsatz und den
Sätzen über das rechtwinklige Dreieck elementargeometrisch konstruierbar.
Höhere Irrationalitäten, z. B. Kubikwurzeln erfordern zur Konstruktion
andere in lückenlosem Zuge zu konstruierende Kurven als nur die mit
Zirkel und Lineal zu zeichnenden Kreise und Geraden, deren Schnitt unter
sich immer nur zu Gleichungen zweiten Grades in einer Koordinate und
damit höchstens zu Quadratwurzeln führt, wie aus der analytischen Geometrie bekannt ist.

Der Algebra allein ist daher die Erkenntnis zu danken, daß die historischen
Probleme der Verdoppelung eines Würfels ($x^3 = 2\,a^3$), der Quadratur des
Zirkels ($x^2 = a^2\,\pi$), der Dreiteilung eines beliebigen Winkels, der Teilung
des Kreisumfangs in 7 gleiche Teile keine Lösung im elementargeometrischen Sinne zulassen; andererseits aber auch, welche der regulären Vielecke,
z. B. das 17-Eck, überhaupt mit Zirkel und Lineal konstruierbar sind.

*Die algebraische Analysis lehrt, mit welchen einfachsten Hilfsmitteln sich
ein Problem meistern läßt, ob mit vorgegebenen Mitteln auszukommen ist.
Und dies weit über die Bereiche des Elementargeometrischen hinaus. Ein*

*Wechsel im methodischen Vorgehen, bald geometrisch, bald algebraisch, je nach der sich bietenden heuristischen Sachlage im Lösungsprozeß, wird der Behandlung einer Aufgabe am ehesten den Erfolg sichern.*

Die anschließend gegebenen Beispiele 43, 44 und 45 mögen die algebraische Analysis geometrischer Probleme beleuchten.

### 43. Beispiel

Algebraischer Beweis des Satzes von Beispiel 7.

Nach dem Kosinussatz, angewandt auf Dreieck $S_a S_b C$ in Figur 7 berechnet sich die Seite $S_a S_b$ aus der Formel

$$(S_a S_b)^2 = (S_a C)^2 + (S_b C)^2 - 2\,(S_a C) \cdot (S_b C) \cos (\gamma + 60)\,.$$

Dabei ist

$$S_a C = \frac{a}{\sqrt{3}}\,; \quad S_b C = \frac{b}{\sqrt{3}}\,; \quad \cos (\gamma + 60) = \frac{1}{2} \cos \gamma - \frac{\sqrt{3}}{2} \sin \gamma\,;$$

$$c^2 = a^2 + b^2 - 2\,ab \cos \gamma \quad \text{und somit } ab \cos \gamma = \frac{a^2 + b^2 - c^2}{2}\,.$$

Der Flächeninhalt des Dreiecks $ABC$ ist

$$J = \frac{ab}{2} \sin \gamma\,.$$

Durch Einsetzen folgt:

$$(S_a S_b)^2 = \frac{1}{3}\,(a^2 + b^2 - ab \cos \gamma + ab \cdot \sqrt{3} \sin \gamma)$$

$$(S_a S_b)^2 = \frac{1}{3}\left(a^2 + b^2 - \frac{a^2 + b^2 - c^2}{2} + \sqrt{3} \cdot 2\,J\right) = \frac{a^2 + b^2 + c^2}{6} + \frac{2\,J}{\sqrt{3}}\,.$$

$S_b S_c$, $S_c S_a$ leiten sich aus diesem Ausdruck durch zyklische Vertauschung $a$, $b$, $c$ her; da er aber in $a$, $b$, $c$ symmetrisch gebaut ist, ergibt sich sofort: $S_a S_b = S_b S_c = S_c S_a$. W. z. b. w.

### 44. Beispiel

*Aufgabe:* Konstruiere ein Dreieck aus der Seite $BC = a$; der Höhe $BE = h$ und der Projektion $AD = q$ der Seite $AC$ auf die Grundlinie $AB$ (Figur 42).

Die Aufgabe ist eine Verallgemeinerung des Beispiels 11, das den Spezialfall eines rechtwinkligen Dreiecks zum Gegenstand hat, auf ein beliebiges Dreieck. Für $h = a$ geht letzteres in ein rechtwinkliges über.

*Lösung:* Macht man etwa die gegebene Strecke $BC = a$ zum Ausgangspunkt der Konstruktion, so lassen sich für $A$ (bei $D$ wäre die Sachlage ganz analog) zwei geometrische Örter angeben:

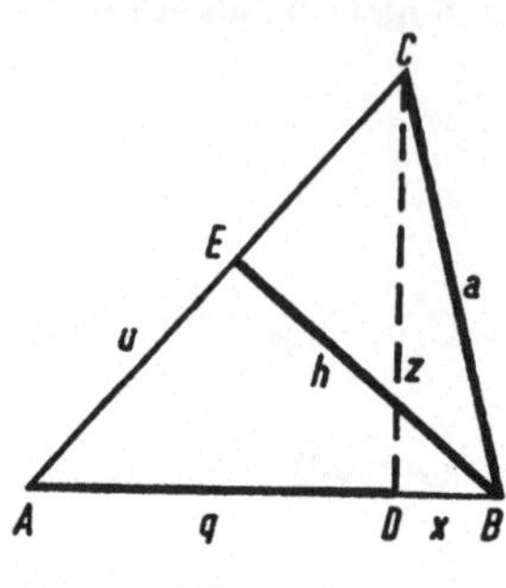

Fig. 42

1. Die leicht zu zeichnende Gerade durch $C$ und $E$.

2. Eine Kurve höherer Ordnung für $A$, die entsteht, wenn eine konstante Strecke $AD = q$ sich auf einem sich drehenden Strahl durch $B$ so verschiebt, daß ihr rechter Endpunkt $D$ auf dem *Thaleskreis* über $BC$ gleitet.

Es hat also den Anschein, als ob die Aufgabe einer elementargeometrischen Lösung (auch im rechtwinkligen Sonderfall) nicht zugänglich ist. Wäre bei Beispiel 11 die Analogie unbeachtet geblieben, so würde jedoch die Berechnung von $BD = x$ (dessen Kenntnis ja die Realisierung des Dreiecks gewährleistet) nach dem Kathetensatz $x(x+q)=a^2$; $x^2+xq$

$-a^2 = 0$ auf die Lösung einer quadratischen Gleichung $x = -\dfrac{q}{2} + \sqrt{\dfrac{q^2}{4}+a^2}$

hinauslaufen, die zeigt, daß man auch mit Zirkel und Lineal auskommen kann.

Wie ist es nun im vorliegenden allgemeinen Fall? Wir führen $BD = x$ und $CD = z$, $AC = u$ als Unbekannte ein, für die offensichtlich die drei Gleichungen bestehen:

$$z^2 = a^2 - x^2 \tag{1}$$
$$z^2 + q^2 = u^2 \tag{2}$$
$$z(q + x) = u \cdot h \tag{3}$$

Hieraus folgt durch Elimination von $z$ und $u$

$$(q + x)^2 \cdot (a^2 - x^2) = h^2(q^2 + a^2 - x^2).$$

Diese Gleichung vierten Grades zeigt, daß bei beliebigem $h$ jede Bemühung um eine elementargeometrische Lösung der Aufgabe zwecklos ist. Für $h = a$ jedoch muß der funktionale Gehalt der Gleichung vierten Grades sich völlig decken mit demjenigen der oben angeführten Gleichung zweiten Grades: $x^2 + xq - a^2 = 0$. Dies ist aber offenbar nur möglich, wenn erstere sich auf die Form $-(x^2 + xq - a^2)^2 = 0$ bringen läßt, sobald alle Glieder auf die linke Seite genommen werden, wie leicht zu bestätigen ist. Schreibt man daher auf der rechten Seite der Gleichung vierten Grades

$$(q + x)^2 \cdot (a^2 - x^2) = a^2(q^2 + a^2 - x^2) - (a^2 - h^2) \cdot (a^2 + q^2 - x^2)$$

und setzt das erste Glied der rechten Seite nach links, so nimmt die Gleichung die einfache Gestalt an

$$(x^2 + qx - a^2)^2 = (a^2 - h^2) \cdot (a^2 + q^2 - x^2), \tag{I}$$

110

die sich zur graphischen Lösung mit einfacheren Kurven eignet. Diese
ergibt sich als Schnitt der Parabel

$$y = \frac{x^2 + qx - a^2}{\sqrt{a^2 - h^2}} \tag{II}$$

mit dem Kreis

$$x^2 + y^2 = a^2 + q^2, \tag{III}$$

wie aus Figur 43 ersichtlich.

Es ist ferner einfach zu zeigen, daß der Scheitel $S$ der Parabel die Koordinaten hat:

$$x_S = -\frac{q}{2}; \quad y_S = -\frac{4a^2 + q^2}{4 \cdot \sqrt{a^2 - h^2}}.$$

Man überzeugt sich auch leicht, daß im linken Schnittpunkt des Kreises mit der $x$-Achse sowie in seinem Mittelpunkt die Parabelordinaten stets

negativ, im rechten Schnittpunkt dagegen immer positiv sind. Die Parabel trifft daher die $x$-Achse auf deren positiven Seite bei $x_P$ stets innerhalb, auf der negativen Seite stets außerhalb des Kreises. Die Abszisse des rechten Schnittpunkts der Parabel mit der $x$-Achse stellt die Lösung des rechtwinkligen Sonderfalls dar.

*Diskussion der Lösung:* Der Scheitel $S$ der Parabel liegt umso tiefer, je näher $h$ bei $a$ liegt, je näher also der Winkel $\gamma$ (stumpf oder spitz) bei 90° liegt. Wenn $h$ nicht stark von $a$ abweicht, gibt es also 2 Schnittpunkte und damit 2 Dreiecke der verlangten Art, die zunächst bei $B$ spitzwinklig

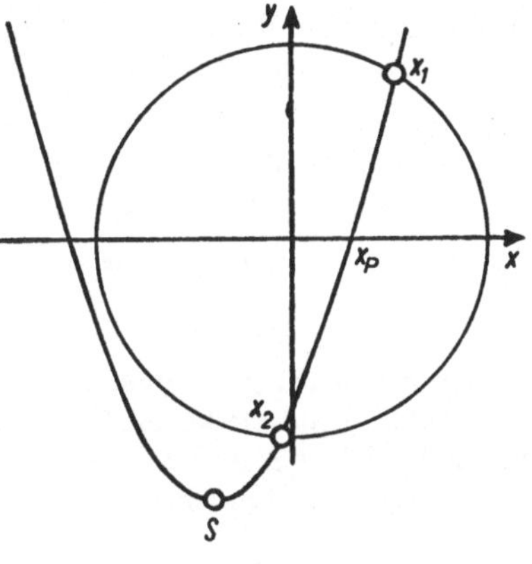

Fig. 43

sind (beide $x$-Werte positiv). Da $x_P$ dem rechtwinkligen Dreieck entspricht, ist das Dreieck bei $C$ für $x_1$ ($>x_P$) immer stumpfwinklig, für $x_2$ ($<x_P$) stets spitzwinklig. Für $h = a$ artet die Parabel in ein Parallelenpaar aus und es wird $x_1 = x_2 = x_P$. Geht die Parabel durch den tiefsten Kreispunkt, so ist das zugehörige Dreieck ($x_2 = 0$) bei $B$ rechtwinklig. Nimmt $h$ noch mehr ab, so ändert $x_2$ sein Vorzeichen, das Dreieck ist bei $B$ stumpfwinklig. Die Bedingung hierfür ist: ($x = 0$ in II und III)

$$-\frac{a^2}{\sqrt{a^2 + q^2}} > -\sqrt{a^2 + q^2}, \text{ also } h < \frac{aq}{\sqrt{a^2 - h^2}}.$$

Es fragt sich, ob nicht eventuell vier Schnittpunkte auftreten können, wenn $h$ weiter 0 zustrebt, indem offenbar noch zwei weitere negative Wurzeln hinzukommen. Dann aber müßte zuvor eine Berührung zwischen Parabel und Kreis statthaben oder die Diskriminante von I müßte infolge der sich einstellenden Doppelwurzel verschwinden. Die analytisch-geometrische Lösung durch Beantwortung der Frage der Berührung verdient den Vorzug und führt, wie sich zeigt, zum Ziel. Doch wollen wir uns hier mit diesem Hinweis begnügen.

### 45. Beispiel

*Aufgabe:* Konstruiere ein Dreieck aus seinen drei gegebenen Winkelhalbierenden $w_\alpha$, $w_\beta$, $w_\gamma$.

Welche unerwarteten Schwierigkeiten ein scheinbar einfaches Problem seiner Lösung entgegensetzen kann, dafür liefert das vorliegende ein höchst eindrucksvolles Beispiel. Für irgendwelche Realisierungen erweist es sich als unzugänglich, so daß die rein algebraische Behandlung sich als letzter Ratschluß herausstellt. Sie wurde in *Crelles* Journal Band 177 in je einem Aufsatz von *Neiß* und *Wolf* gegeben.

*Lösung:* Es gilt eine funktionale Beziehung der Dreieckseiten zu den Winkelhalbierenden aufzustellen, die in folgenden 3 Gleichungen bestehen

$$w_\alpha{}^2 \cdot (b + c)^2 = b \cdot c \, (b + c + a) \, (b + c - a) \; ;$$

$$w_\beta{}^2 \cdot (c + a)^2 = c \cdot a \, (c + a + b) \, (c + a - b) \; ;$$

$$w_\gamma{}^2 \cdot (a + b)^2 = a \cdot b \, (a + b + c) \, (a + b - c) \; .$$

Sie werden leicht gewonnen durch Anwendung des Kosinussatzes z. B. auf die beiden Teildreiecke $ACF$ und $BCF$ (vgl. Figur 3) und Elimination der Winkel $AFC = \varphi$ und $BFC = 180° - \varphi$. Die Teile $AF$ und $BF$ lassen sich berechnen, da $AB$ durch $w_\gamma$ im Verhältnis $b : a$ zerlegt wird.

Die *Gestalt* des gesuchten Dreiecks ist durch die Verhältnisse $\dfrac{a}{c} = x$; $\dfrac{b}{c} = y$ oder auch $\left(\dfrac{w_\alpha}{w_\gamma}\right)^2 = u$; $\left(\dfrac{w_\beta}{w_\gamma}\right)^2 = v$ bestimmt. Wir dividieren daher die beiden ersten Gleichungen durch die dritte und gelangen so zu zwei Gleichungen 4. Grades mit zwei Unbekannten:

$$u \cdot (1 + y)^2 \cdot x \, (x + y - 1) - (x + y)^2 \, (1 + y - x) = 0 \; ;$$

$$v \cdot (1 + x)^2 \cdot y \, (x + y - 1) - (x + y)^2 \, (1 + x - y) = 0.$$

Die Elimination einer Unbekannten führt zu einer Resultante *höchstens* 16. Grades in der andern, von der aber noch nicht feststeht, ob sie irreduzibel ist. *Wolf* hat nun gezeigt, daß der Radius des einbeschriebenen Kreises bei beliebig gegebenen $w_\alpha$, $w_\beta$, $w_\gamma$ einer irreduzibeln Gleichung

10. Grades genügen muß. Die Resultante kann daher für $x$ und $y$ auch nur Irrationalitäten gleicher Ordnung liefern. Das allgemeine Problem ist also im Euklidischen Sinne unlösbar.

Wir begnügen uns mit der bloßen Anführung dieses Ergebnisses und wollen dafür aber den Nachweis erbringen, daß selbst das durch die Forderung der Gleichheit zweier Winkelhalbierenden ($w_a = w_y$, d. h. $u = 1$) spezialisierte Problem keine elementare Konstruktion gestattet. Mit $u = 1$ folgt

$$(1 + y)^2 \cdot x(x + y - 1) - (x + y)^2(1 + y - x) = 0.$$

Wie zu erwarten, muß diese Gleichung die Lösung $x = 1$ zulassen, da unter den möglichen Dreiecken ein gleichschenkliges vorhanden sein muß. Es wird sich also ein Faktor $(x - 1)$ abspalten lassen, so daß die Gleichung die Form annimmt

$$(x - 1) \cdot [y^2(x + y + 1) + x(3y + x + 1)] = 0.$$

Die zweite eckige Klammer ist bei einem tatsächlich möglichen Dreieck mit gegebenen Halbierenden der Innenwinkel sicher positiv, so daß *nur* ein gleichschenkliges Dreieck $x = 1$ in Frage kommt. Gleichheit der Halbierenden der Innenwinkel zieht daher diejenige der entsprechenden Seiten nach sich. Die 3. Seite $y$ berechnet sich aus der verbleibenden 2. Gleichung für $x = 1$

$$4vy^2 - (y + 1)^2(2 - y) = 0.$$

Sie ist bei *beliebigem* $v$ irreduzibel vom 3. Grade, $y$ also nicht mit Zirkel und Lineal konstruierbar.

Lassen wir aber einmal rein algebraisch für $x$ oder $y$, oder beide zugleich auch negative Werte zu, so kann bei $x = 1$ auch die eckige Klammer verschwinden, die sich auf die Form bringen läßt (im Hinblick auf die obige 2. Gleichung!):

$$(x + y - 1)(x - y)^2 = 2(x + y)^2.$$

Durch sie nimmt die verbleibende 2. Bestimmungsgleichung für $x$ und $y$ die Gestalt an

$$2vy(1 + x)^2 - (x - y^2)(x + 1 - y) = 0.$$

Mit der Substitution $x + 1 = zy$ erhalten wir $\quad 2vz^2y^2 - (x - y^2)(z - 1) = 0$

oder $\qquad\qquad\qquad y^2(2vz^2 + z - 1) = x(z - 1)$

und aus der anderen Bedingung

$$y^2(z + 1) = -x(z + 3).$$

Durch Division heben sich $x$ und $y^2$ weg und es verbleibt eine Bestimmungsgleichung für $z$ $\qquad vz^3 + (3v + 1)z^2 + z - 2 = 0.$

Wieder resultiert eine Gleichung 3. Grades, die bei beliebigem $v$ sicher irreduzibel ist.

Mit etwa der zweiten der unmittelbar vorhergehenden Gleichungen für $x$ und $y^2$ und der Substitution $x = zy - 1$ berechnen sich $y$ und $x$ als Funktionen der Hilfsgröße $z$. Wie letztere sind $x$ und $y$ auch unter der nun erörterten anderen Möglichkeit keiner elementaren Konstruktion zugänglich.

Der zunächst nur formalen Zulassung negativer Werte für $x$ und $y$, wie sie für die zuletzt betrachtete Möglichkeit notwendig war, kommt nun ein bestimmter geometrischer Sinn zu. Die Berechnung der Halbierenden des Außenwinkels $w_\gamma{}'$ bei $C$ ergibt die Beziehung:

$$(a - b)^2 \cdot w_\gamma{}'^2 = - ab\,(a - b + c)\,(a - b - c).$$

Sie entsteht aus der entsprechenden Gleichung für die Halbierende des Innenwinkels $w_\gamma$, wenn man in dieser $b$ durch $- b$ oder auch $a$ durch $- a$ ersetzt. Vertauschung von $a$ *und* $b$ mit ihren negativen Werten, läßt jedoch den Ausdruck für $w_\gamma$ unverändert, führt dafür aber die Formeln für $w_\alpha$ und $w_\beta$ in diejenigen für die Halbierenden der zugehörigen Außenwinkel über. Durch Annahme negativer Werte für $x$ oder $y$ bzw. für beide zugleich, verwandeln sich je zwei der ursprünglichen Halbierenden der Innenwinkel in Halbierende der Außenwinkel, die sich mit der unveränderten Halbierenden des 3. Innenwinkels in einem Punkte schneiden.

Negative Werte für die Unbekannten liefern demnach die Lösungen für eine Erweiterung des Sinnes der ursprünglichen Aufgabe auf den Fall, daß je zwei unter den gegebenen 3 Winkelhalbierenden Halbierende von Außenwinkeln sind.

# III. Durchführung
## des Lösungsplanes, Rückblick und Ausblick

Eine praktische *Durchführung des Lösungsplans* in konkreten Einzelfällen ist namentlich *bei Konstruktionsaufgaben geboten;* denn er beschränkt sich ja auf die Entwicklung von Gedankengängen in großen Zügen unter Vermeidung der Darlegung von Einzelheiten, deren prinzipielle Realisierbarkeit als bekannt bereits feststeht. Die Durchführung aber zwingt zum Eingehen auf dieselben und vermag daher erst letzte Klärung herbeizuführen, aber auch auf praktische Unzulänglichkeiten gewisser Maßnahmen aufmerksam zu machen. Nur so läßt sich ein vollkommener Überblick über die Fülle der mannigfaltigen Einzelfälle eines Problems gewinnen. Verbunden mit der praktischen Durchführung ist eine Prüfung auf die Richtigkeit der einzelnen Schritte wie auch auf die Erfüllung aller Forderungen, die an das fertige gesuchte Gebilde zu stellen sind. Ferner drängt sich die Frage nach den Grenzen der Realisierbarkeit (9, 40, 44), der Vereinfachung des Konstruktionsprozesses usf. von selbst auf.

Bei *Beweisen,* die ja an sich schon in einer lückenlosen Durchführung des Lösungsgangs zu bestehen pflegen, ist ein *Rückblick* zur Erkenntnis und Vermeidung von Irrtümern in den Gedankengängen und den Grundlagen, auf die jene sich stützen, stets angezeigt. Überprüfung der restlosen begrifflichen Verarbeitung aller Definitionen und Bedingungen des Problems ist erstes Erfordernis. Umständlichkeiten deuten auf Umwege und drängen auf ihre Beseitigung hin. Bedenklich erscheinende oder nicht ganz klare Begründungen sind an zu konstruierenden Fällen auf ihre Widerspruchslosigkeit zu untersuchen oder besser durch zwingende und durchsichtige Schlußweisen zu ersetzen. Völlige Überzeugungskraft jedoch gewinnt ein auch logisch ganz einwandfreier Beweis psychologisch erst durch den Vergleich nach Methode und Ergebnis mit der Lösung verwandter Probleme und sobald es gelingt zur neuen Erkenntnis auf noch anderen Wegen vorzudringen, wozu das nachträgliche Überdenken einer Lösung anregt und wertvoll ist ($7_{1,2}$, 9, 12).

Zu Durchführung und Rückblick muß sich *bei jedem Lösungsplan* noch *ein Ausblick* gesellen durch die Prüfung der *allgemeinen Nutzanwendbarkeit* des Ergebnisses (11, $30_2$) und der Erweiterungsfähigkeit der Lösung auf naheliegende Abänderungen des Problems, die zur erschöpfenden Erkenntnis seiner ihm eigentümlichen Wesenszüge dienlich sind (7, 18). *Zu welchen ganz neuen Problemen reizt ferner die Lösung einer Aufgabe nach Methode und Ergebnis* (6; 7; 9, 18; 11, 44; 23, 24; 26; 30, 40)? Auf derartige Fragen und ihre Beantwortung stellen sich immer und in ständig anschwellendem Umfang neue Fragen ein, so daß die Zielsetzung bei der Bearbeitung eines mathematischen Problems prinzipiell unbegrenzt ist.